MPR出版物链码使用说明

本书中凡文字下方带有链码图标“═══”的地方，均可通过“泛媒关联”的“扫一扫”功能，扫描链码，获得对应的多媒体内容。

您可以通过扫描下方的二维码，下载“泛媒关联”App。

中山大学本科教学改革与质量工程建设项目资助

医学动物外科手术学

从基础到临床，从动物到人体

主　编◎许杰　严励

副主编◎李登　许冰　卢淮武

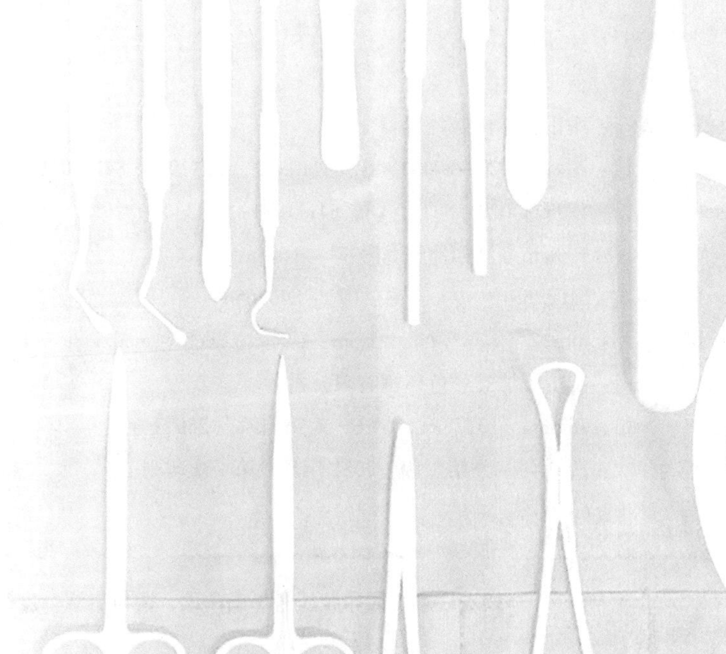

中山大學出版社
SUN YAT-SEN UNIVERSITY PRESS

·广州·

图书在版编目（CIP）数据

医学动物外科手术学：从基础到临床，从动物到人体/许杰，严励主编．—广州：中山大学出版社，2021.9

ISBN 978-7-306-07166-8

Ⅰ.①医…　Ⅱ.①许…②严…　Ⅲ.①动物疾病—外科手术　Ⅳ.①S857.12

中国版本图书馆 CIP 数据核字（2021）第 049120 号

出 版 人：王天琪
策划编辑：刘爱萍　谢贞静
责任编辑：谢贞静
封面设计：林绵华
责任校对：吴茜雅
责任技编：何雅涛
出版发行：中山大学出版社
电　　话：编辑部 020-84111946，84113349，84111997，84110779
　　　　　发行部 020-84111998，84111981，84111160
地　　址：广州市新港西路 135 号
邮　　编：510275　　传　　真：020-84036565
网　　址：http：//www.zsup.com.cn　E-mail：zdcbs@mail.sysu.edu.cn
印 刷 者：佛山市浩文彩色印刷有限公司
规　　格：787mm×1092mm　1/16　9.75 印张　250 千字
版次印次：2021 年 9 月第 1 版　2021 年 9 月第 1 次印刷
定　　价：60.00 元

本书编委会

主　　编： 许　杰（中山大学孙逸仙纪念医院）
　　　　　严　励（中山大学孙逸仙纪念医院）

副 主 编： 李　登（中山大学孙逸仙纪念医院）
　　　　　许　冰（中山大学孙逸仙纪念医院）
　　　　　卢淮武（中山大学孙逸仙纪念医院）

编　　委（以姓氏笔画为序）：
　　　　　叶义标（中山大学孙逸仙纪念医院）
　　　　　刘　皓（中山大学孙逸仙纪念医院）
　　　　　刘保宁（中山大学动物实验中心）
　　　　　孙　浩（中山大学孙逸仙纪念医院）
　　　　　杨　斌（中山大学孙逸仙纪念医院）
　　　　　吴多光（中山大学孙逸仙纪念医院）
　　　　　陈镁仪（中山大学孙逸仙纪念医院）
　　　　　翁胤伦（中山大学孙逸仙纪念医院）
　　　　　蔡志清（中山大学孙逸仙纪念医院）
　　　　　谭进富（中山大学附属第一医院）

参编人员（以姓氏笔画为序）：
　　　　　刘　江（中山大学孙逸仙纪念医院）
　　　　　张文辉（中山大学孙逸仙纪念医院）
　　　　　陈伟贤（东莞市康华医院）
　　　　　范龙龙（中山大学附属第八医院）
　　　　　郑　冠（中山大学附属第八医院）
　　　　　梅羡恬（中山大学孙逸仙纪念医院）
　　　　　彭　洁（中山大学孙逸仙纪念医院）

前　　言

人类在不断对抗疾病、追求健康的过程中，需要进行大量的新药物研发、新医疗技术验证，在确认药物和医疗技术的安全性和有效性之前，往往需要进行动物活体实验。人类医学的每次突破，都离不开实验动物为此做出的重大牺牲。外科手术也不例外。

医学生在完成解剖、病理生理、外科理论知识的学习，准备上真正的手术台前，必须经过动物活体手术的学习和训练。尽管实验动物在解剖和生理上和人体存在一定差异，但外科理论、手术原则和手术技术的运用是大同小异的。

动物外科教学是外科教学的必经阶段和不可缺少的环节。每次切开、探查、置管、缝合、结扎，都会帮助医学生加深对理论的理解，帮助医学生发现术中问题并培养他们解决问题的能力，帮助医学生建立外科思维、掌握手术技术。生命只有一次，承受不起盲目试错的后果。在动物身上，我们被允许试错。但这种允许不能被滥用，我们要敬畏每个生命，感恩每只牺牲的动物，在操作时应该标准、规范，尽量减轻它们的痛苦，以最小的创伤达到学习的目的。

在进行每一次操作前，医学生必须充分预习，了解手术适应证，熟记解剖结构，熟悉手术步骤和注意事项，熟悉器械，熟悉每个操作的技术要领。

“纸上得来终觉浅，绝知此事要躬行。”我们要敬畏生命，练就本领。

中山大学孙逸仙纪念医院是中国最早建立的西医院，具有深厚的历史积淀和医学底蕴，屡创中国西医史上多个第一：实施第一例眼疾手术、卵巢切除术、膀胱取石术等。这里是中国西医的人才摇篮，也是中山大学医科的发源地。本书编写团队有幸在此从事临床和教学工作，从未忘却医学先辈的优良传统，一直以培养优秀医学人才为己任。在长期的临床和教学工作中，我们发现了一些问题，也积累了一些经验，于是酝酿编写这本紧跟外科发展趋势的、实用的动物外科教材，以分享我们的经验。

2020 年，新冠肺炎疫情肆虐，我国广大医务工作者在党中央的英明领导下，不畏艰险，前赴后继，最终打赢了关键时期疫情防控的攻坚战。在这场没有硝烟的战争中，英雄辈出，抗疫功勋钟南山、陈薇、张伯礼、张定宇等专家居功至伟。这场胜利，充分体现了现代医学和医学人才的重要性。2020 年也是中山大学孙逸仙纪念医院建院 185 周年。在这不平凡的一年，我们怀着对医学先辈和抗疫英雄们的崇敬，怀着对后辈的期望、对未来的憧憬，完成了本书的编写，希望能为我国医学教育事业尽一份绵薄之力。

感谢编者在本书编撰过程中的辛勤付出，感谢叶谓明女士等美术工作者在书中图片绘制方面的鼎力相助。

受编者水平所限，书中难免存在错漏之处，请广大读者不吝批评指正，以便我们再版时修正。

编　者

2020 年 12 月

内容提要

动物外科教学是医学院校外科学教学不可或缺的组成部分。对于年轻学子，从术科的基本理论学习到临床的实际应用操作，动物外科手术训练无疑是重要的桥梁与纽带。当今术科的技术日新月异，腔镜化及微创化成为趋势，但这并不意味对传统开放手术基本功掌握的要求就有所降低，反倒更应夯实基础，因此也对动物外科的教学提出了更高的要求。与时俱进、兼顾标准化和直观性的实用的动物外科教材将使这门课程的教与学事半功倍。为此，我们组织了中山大学医科的一线临床教学骨干，历时一年余，数易其稿，终于完成本书的编写。

本书共分十六章，由外科学历史（第一章）、外科学基础（第二至第七章）、动物手术（第八至第十六章）三大板块组成。外科学历史阐述了外科学在国内外的发展历程。外科学基础涵盖动物管理、无菌术、急救与支持技术、器械的使用、缝合打结等内容。动物手术涵盖临床各主要手术科室手术，包括胃肠外科、肝胆外科、神经外科、胸外科、泌尿外科、骨科、妇科手术，并突出手术适应证、重要的解剖结构、手术的要点等内容。除教授动物手术外，本书还进行了临床知识的拓展，把动物外科延伸至临床，向读者介绍临床中运用的新器械、新技术、新理念，帮助读者实现知识升华，从基础到临床，从动物到人体，加深对知识的理解。

本书配有大量清晰彩图及操作视频，力求将书中内容展现得更为形象、直观。

编　者

2020 年 12 月

目　录

第一章　外科发展简史

“以史为镜，可以知兴替。”外科学是现代医学的重要分支，经过多年的发展，已日渐成熟。在科技不断进步的今天，外科学的发展仍然充满不可估量的潜力。学习外科史，从历史的角度追踪外科的演进过程，有助于加深对这门学科的理解，不断获得持续学习的精神动力和创新灵感。实际上，任何学科的进步，都不能与先辈的努力割裂开来。对医学生来说，在不同时期的不同文化、经济、政治背景下理解他们当时正在学习的知识，是对本专业的尊重和升华。

长期以来，由于麻醉和抗感染方面的局限，患者在接受外科手术治疗时，往往同时遭受疼痛和术后并发症的双重影响。直到19世纪后期，得益于控制出血、麻醉、抗感染等技术的进步，外科发展缓慢的局面才逐渐被打破。实际上，直到19世纪后半叶，外科医生才真正成为医学领域的专业人才。直到20世纪，外科医生才被认为是真正的职业。

法国外科医生 Ambroise Paré（1510—1590）首先在截肢手术中通过结扎血管止血，避免了对大块组织进行结扎和烧灼，减轻了损伤。1872年，英国的 Well 首先介绍了止血钳的应用。1873年，Esmarch 倡议使用止血带。1901年，美国的 Landsteiner 发现了血型，从此可以通过输血补偿大量失血。

手术疼痛是外科手术中面临的关键问题之一。在麻醉前时代，外科医生被迫更加关注手术的完成速度而不是临床效果。同样，患者因对疼痛感到恐惧，尽可能拒绝或推迟外科手术，往往拖延了病情。1846年，美国牙医 William Morton 使用乙醚麻醉，帮助 Warren 实现了无痛切除颈部的先天性小血管肿瘤。这里程碑式的重大消息在美国和欧洲迅速传播，在波士顿首次公开演示之后的几个月内，乙醚被全世界的医院所广泛使用。这也被视为现代外科学的奠基年代。

与吸入麻醉相比，抗感染同样重要。若无抗菌手段，一旦患者发生感染，即使外科手术治好了疾病，但也很可能以死亡为结局。1867年，英国的 Lister 在伤口和敷料上使用了苯酚，使手术切口感染率大大下降。德国的 Bergmann 采用蒸气灭菌，创立了现代无菌术。1929年，英国的 Fleming 发现了青霉素，开创了抗菌药物发展的新时代，挽救了大量生命。

到第二次世界大战结束时，基本上所有人体器官和部位都得到了充分研究。短短半个世纪，出现了许多划时代的临床进展。Allen Oldfather Whipple 在1935年提出了胰十二指肠切除术以治疗胰腺癌。1943 年，Lester Dragstedt 发表了用迷走神经切开术治疗消化性溃疡疾病的报道。Frank Lahey 强调了在甲状腺手术过程中识别喉返神经的重要性。

随着手术的多样化和技术的不断精细化，外科不断出现新的分支，逐渐专科化，并因此得到长足发展。心脏外科手术和器官移植手术的发展真正体现了第二次世界大战后外科手术的卓越性。

心脏长期以来被认为是外科手术无法触及的。心脏外科医生要面对一个难以解剖的、血流滚滚的、不停跳动的器官。John Gibbon 设计了一种在患者麻醉状态下，可代替心脏和肺功能的机器，解决了这一难题，实质上是绕过心脏泵送富含氧的血液，这就是体外循环，为以后的所有心脏手术铺平了道路。

移植器官曾经是医学上的科学幻想。20 世纪初，Alexis Carrel 开发了革命性的新缝合技术，以吻合最小的血管。Carrel 在动物身上尝试移植肾脏、心脏和脾脏。从技术上讲，他是成功的，但是某些未知的生物学过程始终导致移植器官的失效和动物的死亡。后来的研究阐明了免疫排斥反应的存在。在免疫抑制药物的帮助下，肾脏移植技术很快就崭露头角，其他器官的移植技术也逐渐成熟。

外科的实践和发展，很大程度上取决于各种设备、器械的进步。近 30 年来，成像技术的发展取得了空前的进步，CT、MRI、PET－CT 可以准确定位病灶；各种内镜、介入设备、手术机器人的应用，使外科手术逐渐微创化、精准化。免疫学、分子生物学、材料学、组织工程学的成果也大量转化到外科手术上。

随着医学人文学科的发展，外科学也不再单纯满足于治疗疾病，而更加关注减轻患者的痛苦、缩短住院时间。丹麦学者 Kehlet 于 1997 年提出的加速康复外科（enhanced recovery after surgery，ERAS）的理念，已被全世界广泛接受并推广。

我国的外科学源远流长。在中医学历史上，外科学可追溯至周代，当时的外科医生被称为“疡医”。秦汉时期的《内经》已有“痈疽篇”这样的外科专门篇章。汉代著名医家华佗在使用麻沸汤进行麻醉后为患者施行外科手术。南北朝时期的《刘涓子鬼遗方》记载了创伤的处理。金元时期的《世医得效方》记载了正骨方法。明清时期，中医外科学发展兴盛，《外科正宗》《简明医彀》《医宗金鉴》《外科图说》等专著把传统医学的外科推向了新的高峰。

现代外科学传入我国已逾百年。1835 年，美国第一位传教士医生伯驾在广州十三行创办眼科医局，这便是中国近代最早的西式医院——也是如今的中山大学孙逸仙纪念医院的前身。经过几代外科医生的不断努力，我国已经建立完整的外科学体系，外科教育与临床水平已追赶至世界先进水平。

外科有艰辛和辉煌的历史，波澜壮阔。追本溯源，它的根始终是一门“手艺”。年轻医生在科学技术发达的今天，也不应该丢掉根本，而应该一步一个脚印，夯实外科手术基础。

（许杰　李登　范龙龙）

第二章　动物外科教学实施与管理

一、动物外科手术实验目的与要求

动物外科手术实验是外科学基础的重要内容，在学习无菌术及外科基本操作以后，通过动物手术模拟实验强化无菌操作观念，使学生掌握实验动物的捕捉、固定、术前准备和麻醉，掌握手术人员的分工、组织和术前无菌准备，掌握外科手术基本操作（包括切开、止血、分离、结扎与缝合），学习常用的手术方式，为外科临床实习打下基础。

二、实验教学内容与实验组织实施

1）实验前复习外科手术基本操作，预习外科手术学相关的图谱及外科学的有关章节，熟悉实验中各种手术的适应证及手术方法。

2）手术日应先进行手术人员分组，一般每组4～5人，每组指定1人任组长负责操作安排，学生轮流担任主刀、一助、二助和器械护士。

3）每个实验小组需派出2人提前1 h到动物房领动物；动物饲养员保定犬只并称重（按千克计），绑牢犬只的四肢及嘴巴，由领取动物的同学给动物备皮。同一小组的其他同学提前洗手、穿衣、戴手套、清点器械。

4）动物麻醉。

（1）麻醉药物。

A. 戊巴比妥钠。

该药属短效巴比妥类药物。常用生理盐水将其配制为3%戊巴比妥钠溶液，静脉一次性注射。犬的注射量为40 mg/kg，兔、鼠的注射量为30 mg/kg；若使用腹腔注射，则剂量增加20%。注射1次可维持2 h的有效全身麻醉，但动物个体间存在较大差异。

过去，戊巴比妥钠常用于实验动物的麻醉，但在外科麻醉中，其对呼吸和循环系统都有严重抑制的作用。该药用于兔、鼠时，引起的死亡率较高；用于犬等较大动物时，使用过程中需辅助呼吸和其他复苏措施，且完全苏醒需6～8 h。该药镇痛效果差，恢复时间长，在为延长麻醉而额外加量后尤其明显，近年来使用日趋减少。

B. 盐酸赛拉嗪注射液（速眠新Ⅱ注射液）（图2－1）。

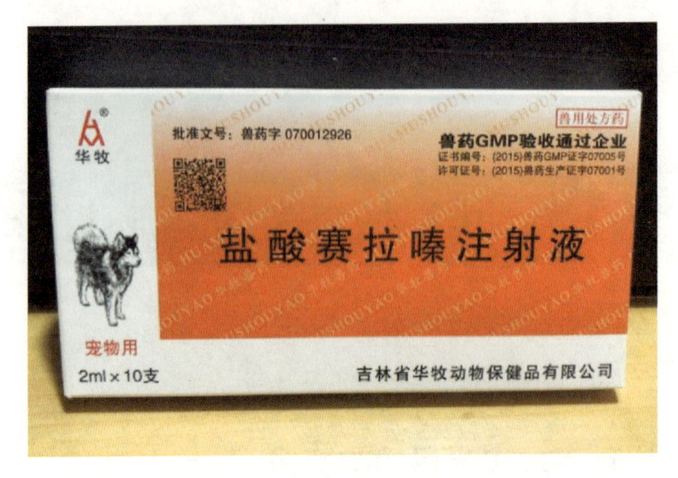

图2－1　盐酸赛拉嗪注射液

性状：无色澄明液体。

药理作用：

药效学：本品为强效 α2 肾上腺素受体激动剂，具有明显的镇静、镇痛和肌肉松弛作用。尽管赛拉嗪的许多药理作用与吗啡相似，但在猫、马和牛身上使用不会引起中枢兴奋，而是引起镇静和中枢抑制。对骨骼肌松弛作用与其在中枢水平抑制神经冲动传导有关，肌内注射后常可诱导猫呕吐，犬亦偶尔出现呕吐。

赛拉嗪对心血管系统和呼吸系统作用变化不定，多数动物用药后初期血压上升，但随后因减压反射，血压长时间下降、心率减慢、心动徐缓。另外，该药能减少交感神经兴奋性，增强迷走神经活动，对反刍动物可引起唾液过度分泌；对呼吸的作用是出现呼吸频率下降；对子宫平滑肌亦有一定兴奋作用，能增加牛子宫肌张力与子宫内压，妊娠家畜慎用。

药动学：肌内注射或皮下注射时机体均能迅速吸收本品，但吸收不完全且不规则，不同种属和个体之间的生物利用度差异较大。肌内注射的生物利用度，马为 40%～48%，绵羊为 17%～73%，犬为 52%～90%。肌内注射后 10～15 min 即起作用，静脉注射后药效产生更迅速。药效持续时间决定于给药剂量，一般可持续 1.5 h。药物在体内被广泛且迅速代谢；其半衰期，绵羊为 23 min，马为 50 min，牛为 36 min，犬为 30 min。

药物相互作用：①与水合氯醛、硫喷妥钠或戊巴比妥钠等中枢神经抑制药合用，可增强抑制效果；②本品可增强氯胺酮的镇痛作用，使肌肉松弛，并可拮抗其中枢兴奋反应；③与肾上腺素合用可诱发心律失常。

适应证：主要用于家畜、野生动物的化学保定和基础麻醉，也用于猫的催吐。

用法与用量：肌内单次注射剂量，马为 1～2 mg/kg，牛为 0.1～0.3 mg/kg，羊为 0.1～0.2 mg/kg，犬、猫为 1～2 mg/kg，鹿为 0.1～0.3 mg/kg。

不良反应：①犬、猫用药后常出现呕吐、肌肉震颤、心搏徐缓、呼吸频率下降等症状，另外，猫出现排尿增加；②反刍动物对本品敏感，用药后表现唾液分泌增多、瘤胃弛缓、胀气、逆呕、腹泻、心搏缓慢和运动失调等，妊娠后期的牛会出现早产或流产；③马属动物用药后可出现肌肉震颤、心搏徐缓、呼吸频率下降、多汗，以及颅内压增加等。

注意事项：①牛用本品前应禁食一定时间，并注射阿托品；手术时应采用伏卧姿势，并将头放低，以防异物性肺炎及减轻瘤胃胀气时压迫心肺。妊娠后期牛不宜应用。②犬、猫用药后可引起呕吐。③有呼吸抑制、心脏病、肾功能不全等症状的患畜慎用。④中毒时，可用 α2 受体阻断药及阿托品等解救。

休药期：牛、羊为 14 d，鹿为 15 d。

C. 注射用盐酸替来他明（又称为盐酸唑拉西泮、舒泰）（图 2－2）。

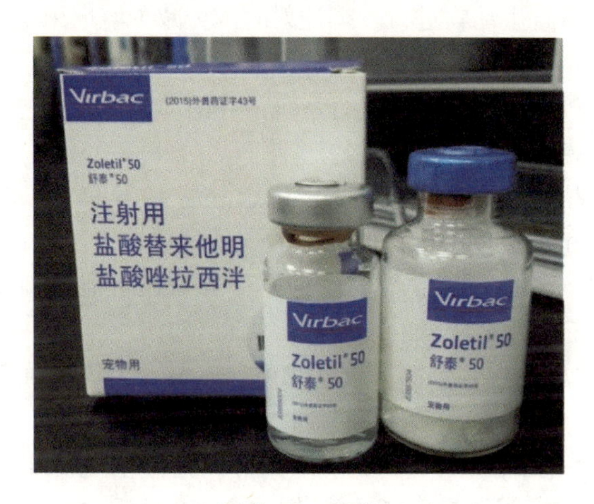

图 2－2　舒泰

简要说明：本品是一种新型分离麻醉剂，含镇静剂替来他明和肌松剂唑拉西泮。本品用于全身麻醉时，诱导时间短、副作用极小、安全性较好；用于肌内和静脉注射时，局部耐受性良好。

适用范围：用于犬、猫和野生动物的保定和全身麻醉。

应用剂量：

a. 麻醉前给药：注射前 15 min 按以下剂量给予硫酸阿托品。

犬：0. 1 mg/kg，皮下注射。

猫：0. 05 mg/kg，皮下注射。

b. 诱导麻醉剂剂量：

犬：7～25 mg/kg，肌内注射；5～10 mg/kg，静脉注射。

猫：10～15 mg/kg，肌内注射；5～7. 5 mg/kg，静脉注射。

c. 麻醉维持时间：根据剂量不同，20～60 min 不等。

d. 维持麻醉剂量：建议给予初始剂量的 1/3～1/2，静脉注射。

e. 野生动物的麻醉剂使用详细说明：

灵长类动物肌内注射的平均剂量：4～6 mg/kg。

猫科动物肌内注射的平均剂量：4～6 mg/kg。

犬科动物肌内注射的平均剂量：4～6 mg/kg。

熊科动物肌内注射的平均剂量：4～6 mg/kg。

牛科动物肌内注射的平均剂量：4～6 mg/kg。

灵猫科动物肌内注射的平均剂量：4～6 mg/kg。

小鼠肌内注射的平均剂量：4～6 mg/kg。

大鼠肌内注射的平均剂量：4～6 mg/kg。

豚鼠肌内注射的平均剂量：4～6 mg/kg。

仓鼠肌内注射的平均剂量：4～6 mg/kg。

应用指南：为了获得需要的麻醉药浓度，可将含有效成分的冻干粉与总量无菌溶液混合进行配制。需要对野生动物进行投掷注射时，可减少溶剂用量，从而使浓度提高到400 mg/mL。

应用禁忌：用有机磷盒氨基酸酯进行系统治疗的动物，严重的心机能和呼吸机能不全、胰脏功能不全、患严重高血压的动物。

注意事项：①本品只能用于动物。②建议麻醉前12 h禁食。③动物处于麻醉恢复期时应保证环境黑暗和安静。④与其他药物的配伍禁忌。⑤不能与某些药物联合应用。本品与吩噻嗪类药物（乙酰丙嗪、氯丙嗪等）一起应用可能会抑制心肺功能，引起体温降低；与氯霉素一起应用会降低麻醉药物的代谢率。

（2）传统麻醉的方式：①动物称重。②诱导麻醉。经腹腔注射3%戊巴比妥钠溶液，1 mL/kg，(8 ±2.1）min后麻醉剂起效，备皮。③强化麻醉。固定体位后，经小隐静脉注射3%戊巴比妥钠溶液，0.1 mL/kg。④维持剂量。按每只1.5 mL/h予维持剂量。

（3）现行麻醉方式：①诱导麻醉。犬笼内减少犬只活动空间以限制犬只，大腿外侧肌内注射盐酸赛拉嗪，0.05 mL/kg，（3.2 ±2.5）min后麻醉剂起效，备皮。②强化麻醉。固定体位后，经小隐静脉注射盐酸替来他明，0.15 mL/kg。③维持剂量。按每只予首剂剂量的1/3～1/2，约0.09 mL/(kg · h)。

5）领取动物的同学洗手，穿无菌衣，戴手套。放置好器械后，检查各项工作准备就绪，即可行皮肤消毒，铺单开始手术。

6）实施常见手术方式包括静脉切开术、剖腹探查术（上腹部正中切口）、胃造瘘术、胃十二指肠穿孔修补术、阑尾切除术、小肠切除与端端吻合术、胃空肠吻合术、关闭腹腔、气管切开术。

7）手术结束后，清洗器械，将其擦干、上油后交还动物手术室的老师，并将动物尸体送到指定的地方进行无害化处理。

8）带教老师组织全组学生进行术后小结。

（刘保宁　严励）

第三章　动物管理与风险防控

第一节　实验动物与安全管理

一、实验动物

实验动物指经人工饲养、繁育，对其携带的微生物及寄生虫进行控制，遗传背景明确或来源清楚的，应用于科学研究、教学、生产和检定及其他科学实验的动物，其广泛应用于医药研发、教学实验、药品生产、生物检定等方面。

实验动物为人类健康和社会进步做出了巨大贡献。全国每年繁殖实验动物约 2 000 万只，实际用量在 1 500 万只以上，其中 60% 以上为生命科学及医药科学实验所消耗。实验动物类型主要包括大白鼠、小白鼠、裸鼠、豚鼠、家兔、比格犬、恒河猴、小型猪等。其中，动物外科所用实验动物为比格犬。

二、犬与人共患病的病原体种类

（一）寄生虫

体表寄生虫：疥螨、耳痒螨、虱、跳蚤等。

原虫：附红细胞体、弓形虫、黑热病原虫、贾第虫、毛滴虫、小袋虫、阿米巴原虫等。

蠕虫：蛔虫、绦虫、旋毛虫、日本血吸虫、华支睾吸虫等。

（二）病毒

病毒包括狂犬病毒、轮状病毒、流行性乙型脑炎病毒等。

（三）细菌病

细菌病包括沙门氏菌病、布氏杆菌病、莱姆病、结核病、弯曲菌病、钩端螺旋体病、链球菌病、大肠杆菌病等。

（四）真菌病

真菌病包括孢子丝菌病、隐球菌病、诸卡氏菌病、潜蚤病、皮肤丝状菌病等。

（五）立克次氏体病

立克次氏体病包括贝氏柯克斯体病等。

（六）衣原体病

衣原体病包括鹦鹉热衣原体病等。

上述病原体中，狂犬病毒需要被重点关注。狂犬病是由狂犬病毒（rabies virus，RV）引起的一种人畜共患病，致死率为100%。狂犬病毒属于弹状病毒科（rhabdoviridae）狂犬病毒属（*Lyssavirus*）。外形呈子弹状，核衣壳呈螺旋对称，表面具有包膜，内含有单链RNA。病毒易被日光、紫外线、甲醛、新洁尔灭、50%～70%乙醇溶液等灭活，病毒悬液经56 ℃ 30～60 min或100 ℃ 2 min即被灭活，病毒于－70 ℃或冻干后置于0～4 ℃中可保持活力数年。被感染的组织可保存于50%甘油溶液内送验。

三、人畜共患病发生的因素

（一）接触

如果人与动物接触频繁、密切，病原体传播机会就会增加。例如，在手术实操过程中（如运输、保定、麻醉、手术），相关教师和学生必须与犬只接触，被感染的可能性相对增大。

（二）饲养管理

饲养管理不当，环境条件差，不经常清洁、消毒，鼠、蝇、蚊、蚤、虱等病原媒介得不到及时、有效的杀灭，均可增加人畜共患病的发生概率。

（三）防疫观念

防疫观念淡薄，对人畜共患病危害了解不够，不重视免疫预防工作，不注重公共卫生和个人卫生，不了解人畜共患病的预防知识，均可增加人畜共患病的发生概率。

四、管理措施

（一）加强对动物来源的管理与监控，做好犬只的免疫接种工作

学校动物中心的实验用犬只须购自有实验动物生产许可证的单位。有生产许可证的供应商需要定期接受该省动物监测所的检测，以保证实验动物的健康及动物所携带的病原微生物符合国家标准。该单位需要对其出售的动物开具质量合格证明（图3－1），且此证明能够在中国实验动物信息网（www. lascn. net）得到查验。

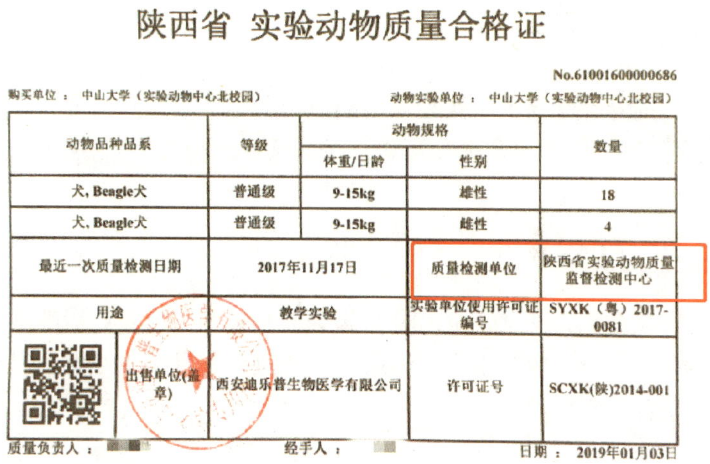

陕西省 实验动物质量合格证

No.61001600000686

购买单位：中山大学（实验动物中心北校园）　　动物实验单位：中山大学（实验动物中心北校园）

动物品种品系	等级	动物规格		数量
		体重/日龄	性别	
犬，Beagle犬	普通级	9-15kg	雄性	18
犬，Beagle犬	普通级	9-15kg	雌性	4
最近一次质量检测日期	2017年11月17日		质量检测单位	陕西省实验动物质量监督检测中心
用途	教学实验		实验单位使用许可证编号	SYXK（粤）2017-0081
出售单位(盖章)	西安迪乐普生物医学有限公司		许可证号	SCXK(陕)2014-001

质量负责人：　　经手人：　　日期：2019年01月03日

图 3－1　实验动物质量合格证

每只实验用犬都需要建立信息档案（图 3－2），有完整的疫苗接种记录及驱虫记录。

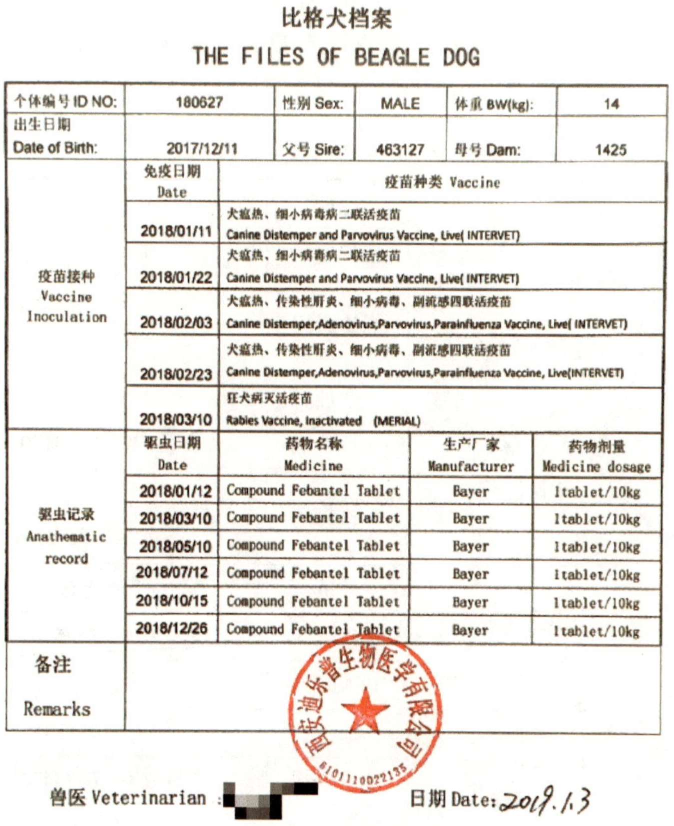

比格犬档案
THE FILES OF BEAGLE DOG

个体编号 ID NO:	180627	性别 Sex:	MALE	体重 BW(kg):	14
出生日期 Date of Birth:	2017/12/11	父号 Sire:	463127	母号 Dam:	1425
疫苗接种 Vaccine Inoculation	免疫日期 Date	疫苗种类 Vaccine			
	2018/01/11	犬瘟热、细小病毒病二联活疫苗 Canine Distemper and Parvovirus Vaccine, Live(INTERVET)			
	2018/01/22	犬瘟热、细小病毒病二联活疫苗 Canine Distemper and Parvovirus Vaccine, Live(INTERVET)			
	2018/02/03	犬瘟热、传染性肝炎、细小病毒、副流感四联活疫苗 Canine Distemper,Adenovirus,Parvovirus,Parainfluenza Vaccine, Live(INTERVET)			
	2018/02/23	犬瘟热、传染性肝炎、细小病毒、副流感四联活疫苗 Canine Distemper,Adenovirus,Parvovirus,Parainfluenza Vaccine, Live(INTERVET)			
	2018/03/10	狂犬病灭活疫苗 Rabies Vaccine, Inactivated (MERIAL)			
驱虫记录 Anathematic record	驱虫日期 Date	药物名称 Medicine		生产厂家 Manufacturer	药物剂量 Medicine dosage
	2018/01/12	Compound Febantel Tablet		Bayer	1tablet/10kg
	2018/03/10	Compound Febantel Tablet		Bayer	1tablet/10kg
	2018/05/10	Compound Febantel Tablet		Bayer	1tablet/10kg
	2018/07/12	Compound Febantel Tablet		Bayer	1tablet/10kg
	2018/10/15	Compound Febantel Tablet		Bayer	1tablet/10kg
	2018/12/26	Compound Febantel Tablet		Bayer	1tablet/10kg
备注 Remarks					

兽医 Veterinarian：　　日期 Date：2019.1.3

图 3－2　动物档案

（二）加强环境卫生管理

保持比格犬的饲养环境与手术实验环境的清洁卫生，定期对犬舍、笼具、动物手术室等接触环境进行清洁消毒，及时杀灭蚊、蝇、虱、蚤、蜱等寄生虫及其他病原微生物，防止人畜共患病的发生。

（三）增强生物安全意识

应增强生物安全意识，主动了解人畜共患病的相关知识与防护措施。动物外科实验是通过动物模拟在患者身上施行手术，因此要求学生在手术实验室做到严肃认真、细致谨慎，注意操作安全，尊重动物福利。

（四）加强个人防护

在犬只的抓取、备皮及手术过程中要严格遵守无菌操作规则，注意操作安全，避免被犬只咬伤、抓伤，避免被手术器械刺伤、割伤。手部有伤口的学生不要参加手术练习。一旦发生动物咬伤、抓伤及器械刺伤、割伤的情况，应立即用20%肥皂水充分清洗伤口，挤出污血，然后在流动水下冲洗10～15 min，接着对伤口用75%乙醇溶液进行消毒，并于24 h内到卫生防疫部门接种狂犬疫苗。广州市接种狂犬疫苗的地点见表3－1。

表3－1　广州市狂犬疫苗接种点

越秀区	广州市第八人民医院	地址	东风东路627号
		接诊电话	020－83710495
		开诊时间	正常工作时段 首诊当天均接诊
	广州市越秀区中医医院	地址	越秀区正南路6号
		接诊电话	020－83331597
		开诊时间	正常工作时段 首诊当天均接诊
天河区	中山大学附属第三医院	地址	天河路600号
		接诊电话	020－85253010
		开诊时间	全天接诊
	南方医科大学第三附属医院	地址	中山大道西183号
		接诊电话	020－62784120
		开诊时间	全天接诊

（五）严格规范实验用犬的领用计划与回收管理

动物外科手术实验用犬使用按以下程序申领使用：①开课单位提前2个月（预实验用犬免疫接种时间需要）向临床技能中心动物外科手术实验室提交动物外科手术实验动物使用申请表，说明开课单位、开课对象、学生人数与分组情况、实验用犬数目等，报医学教务处审批后送学校动物中心备案；②由学校动物中心按计划进行实验犬采购；③手术日早上由实验小组派学生到动物中心领取实验犬。手术完成后，由动物外科手术实验室安排专门人员统一将实验犬运到特定的动物尸体处理中心进行无害化处理，严禁其他任何人员私自将实验犬带离实验室或留作他用。

第二节 常见人畜共患病

一、狂犬病

狂犬病是一种致死率极高的疾病，它主要与欧洲、亚洲和非洲的狗咬有关，与美洲的蝙蝠有关。根据临床表现的不同，狂犬病可以分为狂暴型狂犬病和麻痹型狂犬病，以前者较常见。狂暴型狂犬病患者的主要特点是意识模糊，精神状态改变，具有恐惧症或吸气性痉挛，以及自主神经刺激症状；麻痹型狂犬病患者的临床表现类似于吉兰－巴雷综合征（Guillain-Barré syndrome，GBS），主要表现为昏迷、肌肉水肿和膀胱失禁。与麻痹型狂犬病患者相比，狂暴型狂犬病患者中枢神经系统中携带的病毒量较大，免疫应答较低，从而生存期也较短。

受到被狂犬病毒感染的动物叮咬是狂犬病的主要传播途径，其他途径包括吸入雾化的狂犬病毒、组织和器官移植、处理受感染的动物尸体等。咬伤传播的效率取决于病毒的亚型和感染组织的部位，到达肌肉者感染狂犬病的可能性最高，因为病毒可以感染肌肉中的运动终板。人体感染狂犬病毒以后，迅速诱导宿主免疫反应和自发性的病毒清除。

目前，狂犬病尚无有效的治疗方法。大剂量免疫球蛋白、狂犬病毒疫苗、利巴韦林、氯胺酮和干扰素 α 的联合治疗被证明有一定的治疗作用。大剂量的狂犬病免疫球蛋白能够减轻患者自主神经症状，各种镇静剂被认为可以减少大脑兴奋性毒性，但这些方案都不能显著地降低狂犬病的致死率。

二、钩端螺旋体病

钩端螺旋体病是一种全球广泛传播的人畜共患疾病。钩端螺旋体主要传染源是野鼠和猪，对人类和家畜健康危害很大。人类钩端螺旋体病由伤口直接接触带病原体的尿液或感染动物的组织传播，或由鼻子、眼睛和嘴巴的黏膜与受污染的水或土壤间接接触传播。致病性钩端螺旋体有其自身的亲和性和对特定哺乳动物的适应性，可引起不同程度的临床表现。例如，啮齿动物是钩端螺旋体的携带者，但不会发病，而受感染的非啮齿宠物或牲畜可能发生流产和多器官损伤。受感染的人可能会出现多种临床表现，从无症状感染到危及生命的疾病均可发生。轻微感染典型表现为发热、头痛和肌痛，脑膜炎、结膜炎、皮疹、肾功能不全和黄疸次之。症状可能是双相的，可以自行消退。然而，这些临床表现是非特异性的，可能被误诊为其他急性发热性疾病，如登革热、流感、疟疾。

严重钩端螺旋体病伴随黄疸、肺出血或肝肾功能衰竭。严重钩端螺旋体感染会引起严重肺出血综合征（severe pulmonary hemorrhage syndrome，SPHS）和Weil's综合征（合并急性肾功能不全、出血和黄疸）。值得注意的是，严重肺出血综合征和Weil's综合征的死亡率分别为50%和10%。

热带地区、亚热带地区是钩端螺旋体感染的高发地区，全球报告该致病菌每年导致100多万人感染，近5.9万人死亡。因此，钩端螺旋体高感染率是一个需要妥善解决的世界性的临床问题。钩端螺旋体感染的增加表明了诊断和治疗存在困难。因此，更好地认识钩端螺旋体感染，开发敏感性和特异性高的诊断方法和适当的治疗策略，对防治钩端螺旋体病很有必要。

迄今，钩端螺旋体病的发病机制仍不清楚。目前认为病原体和宿主因素都与严重感染的发生发展有关。严重钩体病到底是由钩端螺旋体引起的直接组织损伤导致，还是由宿主对感染免疫反应失衡引起，人们仍然知之甚少。

三、弓形虫病

弓形虫病是常见的人畜共患病之一，感染了全球大约1/3的人口。弓形虫病通常是良性的，在免疫能力强的个体中未被发现。原发性感染可能伴有非特异性流感样症状、淋巴结肿大及一些罕见的并发症。对于先天感染的胎儿和免疫功能低下的个体，这种感染具有危害健康和致命的危险。尽管孕妇感染后通常无症状，但该寄生虫可能会穿过胎盘，感染胎儿，并导致胎儿出生后出现视网膜脉络膜炎、脑积水、智力低下、癫痫发作，甚至胎儿死亡。先天性感染的风险和症状的严重程度取决于孕妇感染的胎龄；怀孕期间感染越早发生，先天性感染的风险就越低，但症状却越严重。母婴关于先天性弓形虫病的早期诊断和管理对预防后遗症至关重要。此外，大多数被感染的新生儿出生时无症状，但可能会在更晚的时候出现视力障碍。

弓形虫病也是免疫缺陷状态下的主要机会性感染疾病。例如，在艾滋病和器官移植患者中，潜伏感染的再激活可能导致弓形体脑炎，如果治疗不当，可能致命。

弓形虫是一种专性的细胞内原生动物寄生虫，存在3种自然形式：①卵囊释放出子孢子；②组织囊肿，其含有并可能释放缓殖子；③速殖子，这是一种快速的卵囊的扩散形式。人类通常通过摄入组织囊肿（在未煮熟的肉中）或卵囊（在猫粪或污染的土壤或蔬菜中）发生感染。弓形虫病的预防主要在于加强个人教育，改善水和食物卫生。

四、棘球蚴病

棘球蚴病（echinococcosis）是由棘球绦虫的幼虫感染所引起的人畜共患病。中国西部地区是囊型棘球蚴病（cystic echinococcosis）和泡型棘球蚴病（alveolar echinococcosis）的高流行地区。目前，没有任何药物可以替代阿苯达唑治疗棘球蚴病。

棘球蚴病主要指 2 种严重的人畜共患的绦虫病，分别为细粒棘球绦虫的幼虫和多房棘球绦虫幼虫引起的囊型棘球蚴病和泡型棘球蚴病。在流行地区，每年的囊型棘球蚴病发病率为 1～200 人/10 万人，而泡型棘球蚴病的发病率为 3～200 人/1 000 万人。在诊断后的 10～15 年内，未经治疗或未得到充分治疗的囊型棘球蚴病患者的死亡率为 90%。泡型棘球蚴病死亡率较低（2%～4%），但若医治不充分，则其死亡率可能会大增。世界卫生组织（World Health Organization，WHO）已将棘球蚴病列为 17 种于 2050 年须被控制或消除的疾病之一。

（一）棘球绦虫生命周期特征

棘球绦虫的生命周期涉及 2 个哺乳动物宿主间的捕食与被捕食的相互关系（图 3－3）。食肉动物（犬齿和猫科动物）是绦虫的最终宿主，它们的草食性猎物（有蹄类动物、啮齿动物和兔形目动物）充当了绦虫的中间宿主。

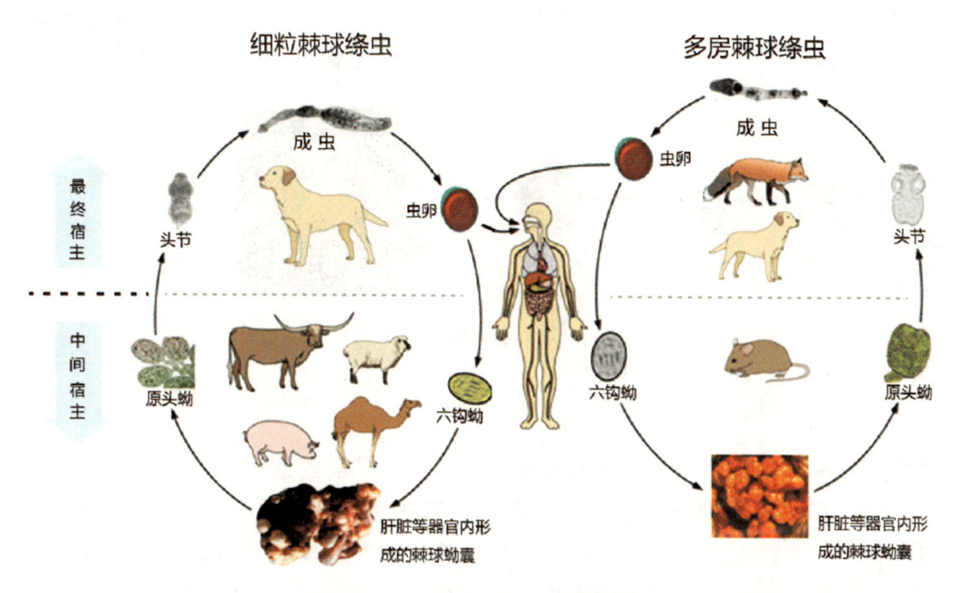

图 3－3　棘球绦虫的生命周期

图 3－4 显示棘球绦虫的发育阶段。成百上千的 3～7 mm 长的细粒棘球绦虫成虫在其最终宿主的肠内发育；每条绦虫的最后一段节片（孕节）成熟后会产生卵，这些卵会在食肉动物的粪便中释放到外部环境中。反过来，人类或中间宿主因粪－口传播而摄

入虫卵，这些卵在消化液作用下，于十二指肠内孵化成六钩蚴，穿入肠壁，随静脉到达肝脏，它们在那里定居并发育为棘球蚴囊；六钩蚴也可能到达人体或中间宿主的肺部、大脑、骨骼或任何其他器官而发育。囊的生发层可向囊内发育出子囊和原头蚴，原头蚴脱落悬浮在囊内，称为棘球砂。中间宿主的受染脏器被最终宿主吞吃后，原头蚴在最终宿主肠内胆汁消化作用下附着在肠壁，逐渐成熟为可产卵的成虫。

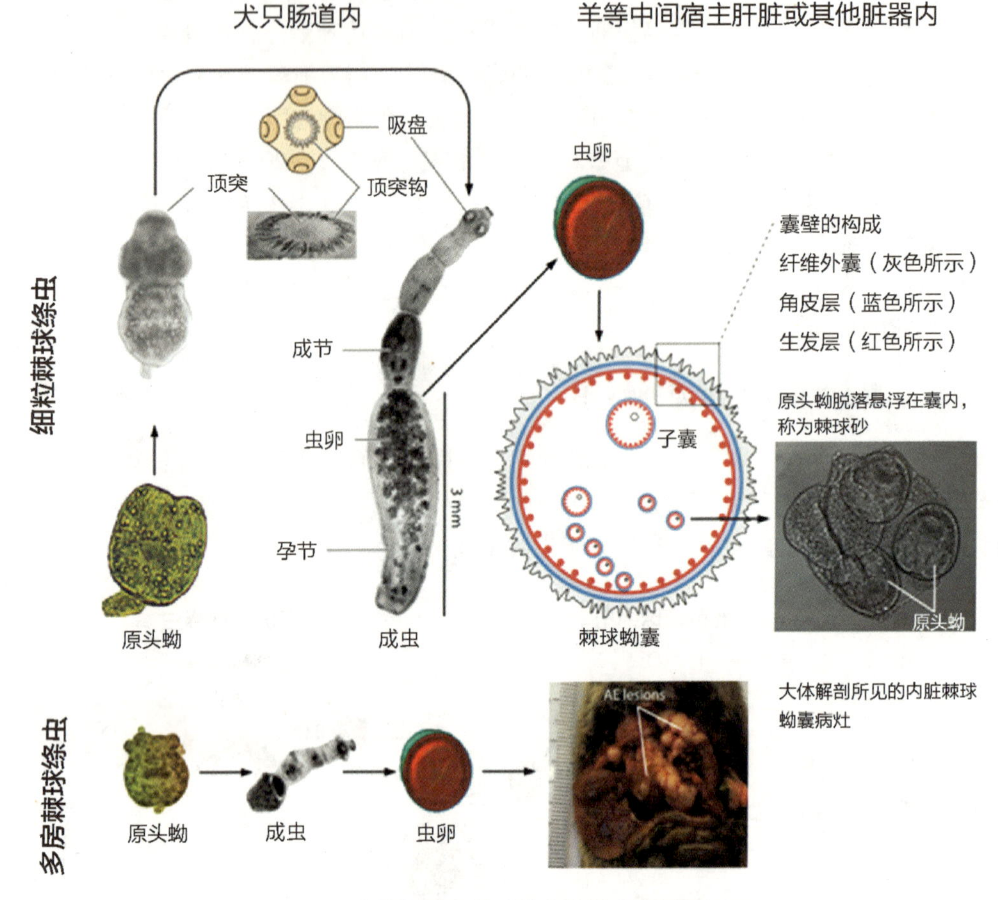

图 3－4　棘球绦虫的发育

（二）临床表现

对于囊型棘球蚴病，临床表现与靶器官的损伤或功能障碍有关，累及器官包括肝脏（70%）和肺（20%），其余还有大脑、脾脏、肾脏和心脏。几乎所有原发性囊型棘球蚴病都在肝脏中。临床上，大多数囊型棘球蚴病和泡型棘球蚴病患者就诊均较晚。人群筛查表明，人的囊型棘球蚴肝囊肿生长非常缓慢，超过 50% 的囊肿在 10 年内大小没有变化，1/3 的囊肿小于 3 cm。囊型棘球蚴病和泡型棘球蚴病的早期阶段不会引起症状，棘球蚴囊肿和泡型棘球蚴病可在 10～15 年内保持无症状。因此，儿童仅占就诊的棘球蚴病例很小一部分。当肝脏中的囊肿直径超过 10 cm 时，或当 1 个或多个囊肿占据器官体积的 70% 以上时，会出现临床症状，从而导致物理压迫累及胆管、肝静脉、门静脉或肝动脉。其他的导致危及生命的并发症可能由肺气管支气管或大脑结构受压、损坏所致。对于任何器官，即使是中小型囊肿，若重要结构受压，也会导致症状体征的早期出现。

囊型棘球蚴病伴肝囊肿者，常出现上腹部不适和食欲不振。胆管受压可能导致黄疸。触诊时可发现肿瘤样肿块、肝大或腹胀。胸痛、咳嗽或咯血须考虑肺中存在囊肿，囊肿破裂进入支气管可致棘球蚴排出。脑囊肿患者可出现神经系统症状体征（包括颅内高压表现、癫痫发作、各种类型的麻痹等）。在任何器官中，囊肿破裂都会引起发烧、荨麻疹、嗜酸性粒细胞增多症和过敏性休克。由于囊肿破裂甚至微小裂痕可引起潜在致死性超敏反应，因此长期以来一直禁止囊肿的穿刺操作。常规胸腹部影像学检查（如肝脏超声等）可以确定该病无症状患者，对于在流行地区发现该病早期患者极为重要。

（三）诊断

影像学检查是诊断必不可少的辅助手段，相对便宜且便携式的超声被广泛用于肝病灶的筛查，而 X 射线胸片检查用于肺囊肿的排除。这两种手段对人群筛查、初步诊断和随访起到很大作用。CT 扫描和氟脱氧葡萄糖 - 正电子发射断层扫描（FDG-PET）用于对恶性疾病和多种慢性疾病患者进行系统的随访，也有助于此类个体中的棘球蚴病早期诊断。多普勒超声、双能量 CT 或光谱 CT，以及弥散加权磁共振成像（MRI）也可用于检测病变处的血供及代谢情况，以提供足够的信息来进行治疗决策。

（四）医疗管理

基于病变情况的影像学分类，遵循阶梯治疗的路径，不同治疗形式的单独或联合应用来治疗棘球蚴病。这些治疗形式包括手术、非手术干预、苯并咪唑药物抗感染治疗、密切观察随访。考虑到其易于复发的类癌性疾病的特点，目前对棘球蚴病管理建议采用癌症医疗管理模式，该模式提倡多学科联合，通过跨学科的团队协作进行治疗决策、外科手术和药物治疗的联合，患者的长期随访，同时建立国际协作组织，从而达到分享治疗经验、集思广益的目的。

（五）预防与控制

目前的预防和控制有赖于提供安全的动物屠宰条件（销毁内脏和防止狗进食受感染的有蹄类动物器官），以及对狗只定期注射吡喹酮驱虫。对牧区羊只接种预防疫苗已被推广，这可作为控制棘球蚴病传播的一种补充干预措施。同时，犬类疫苗的接种将是另一有效补充干预措施。在公园和选定的农村地区，投放浸有吡喹酮的饵食，用来阻断以野生动物为宿主的传播循环。应用分子方法检测环境样品（如土壤、水源、污水和蔬菜）中的棘球绦虫卵 DNA 可更好地识别高危区域，从而可以更有效地开展防控工作。

（六）总结

对于棘球蚴病这一人畜共患病，在进行动物外科过程中应十分谨慎地对待。由上述关于本病的流行病学介绍、传播及临床表现，可得出：

（1）目前该人畜共患病并未消灭，且该病在一些流行地区仍十分高发。

（2）成虫长3～7 mm，其孕节及虫卵外观微小，且数量众多，在受感染的犬类肠道及粪便中大量存在，若接触后不认真进行洗手清洁，无疑增加了粪—口传播致感染的风险。

（3）在文献的检索查阅中，尚未见到有污染皮肤创面而致感染的报道，但在动物外科，犬只的处理及手术过程中个人防护仍应十分谨慎，一旦划破皮肤更应立即清洁消毒。

（4）棘球蚴病潜伏期（或称无症状期）长，不但早期诊断不易，而且后期的治疗较为复杂。因此，对如此隐匿的疾病，操作过程的防护工作应一如既往严谨认真。

（5）实验及手术犬只均应具备各项检疫合格证书，且从正规途径获得，以降低感染的风险。

（刘保宁　许杰　李登　蔡志清　孙浩）

第四章 急救与支持技术

第一节 中心静脉穿刺

中心静脉穿刺置管术是快速建立安全有效深静脉通道的重要手段，常用的穿刺位置有颈内静脉、锁骨下静脉、股静脉。

中心静脉穿刺适应证

（1）需要开放静脉通路，但不宜外周静脉置管者（胃肠外营养、肾衰透析）。

（2）需要快速补充容量者（危重患者抢救、术中输血输液）。

（3）中心静脉压测定、肺动脉导管、经静脉放置起搏导管等。

中心静脉穿刺禁忌证

（1）穿刺部位皮肤或静脉有炎症或血栓形成。

（2）有严重出血倾向的患者。

一、颈内静脉穿刺置管

（一）解剖结构

颈内静脉直径平均约为 1.3 cm，最大可达 2.4 cm。颈内静脉起始于颅底，在颈部颈内静脉全程由胸锁乳突肌覆盖。上部颈内静脉位于胸锁乳突肌前缘内侧，中部位于胸锁乳突肌锁骨头前缘的下面、颈总动脉的前外方，在胸锁关节处与锁骨下静脉汇合成无名静脉入上腔静脉，是头颈部静脉回流的主干。

（二）技术操作

1. 体位

体位：去枕平卧，垫高肩部，头偏向对侧，必要时抬高床尾，取头低脚高位。

2. 穿刺入路及定位

穿刺入路分前路、中路、后路。颈内静脉左右两侧均可，首选右侧，因为右侧颈内静脉路径较直，长度短，直径粗，与颈总动脉重叠少；左肺尖高于右侧肺尖；胸导管注入左静脉角，有胸导管损伤风险。目前，很多医院已经在超声引导下进行静脉穿刺（图4－1），更加准确安全。

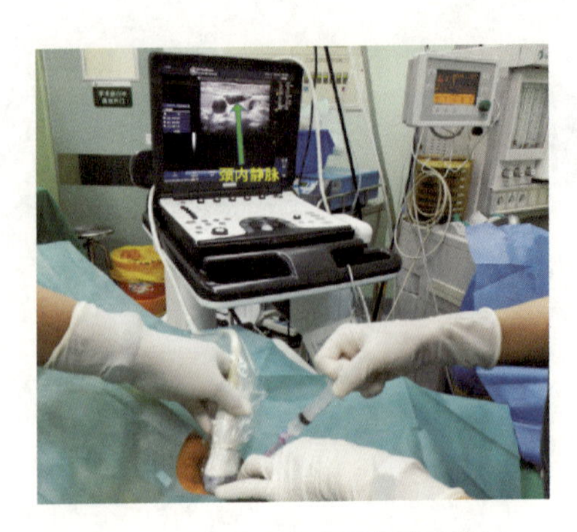

图 4－1　超声引导下颈内静脉穿刺

（1）前路：取中线旁开约 3 cm，于胸锁乳突肌前缘向内推开颈总动脉，确认胸锁乳突肌前缘中点进针，针体与皮肤（冠状面）成 30°～45°，针尖指向同侧乳头或锁骨中、内 1/3 交界处前进。或是于颈动脉三角处触及颈总动脉搏动后，以搏动点的外侧旁开 0.5～1.0 cm，相当于喉结或甲状软骨上缘水平作为进针点，穿刺针指向胸锁乳突肌下端所形成的三角，与颈内静脉走向一致进针，针体与皮肤成 30°～40°。

（2）中路：胸锁乳突肌下端胸骨头和锁骨头与锁骨上缘组成一个三角，称为胸锁乳突肌三角，颈内静脉正好位于此三角的中心位置。三角形的顶端处离锁骨上缘 2～3 横指作为进针点，针体与皮肤成 30°，与中线平行直接指向尾端。若试探未成功，针尖向外偏斜 5°～10°指向胸锁乳突肌锁骨头内侧的后缘。颈内静脉穿刺置管（中路）如图 4－2 所示。

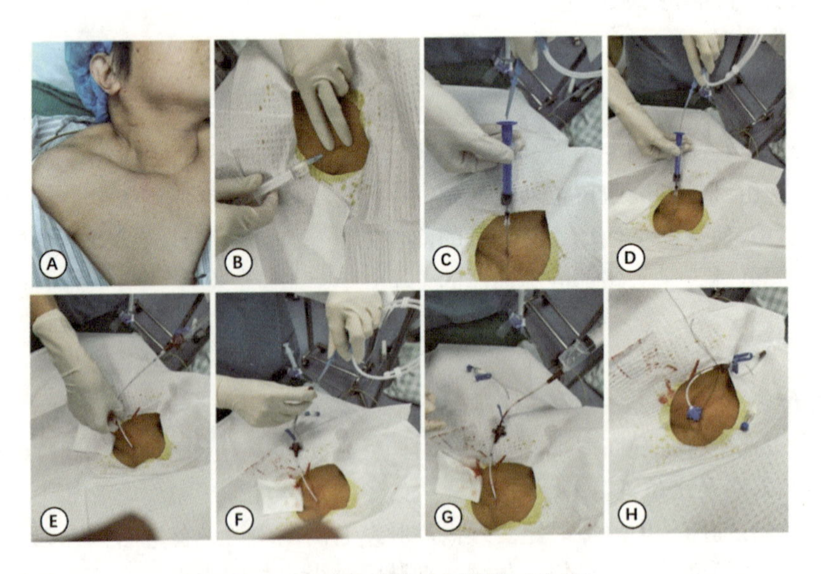

图 4－2　颈内静脉穿刺置管（中路）

（3）后路：胸锁乳突肌的外侧缘中、下 1/3 交点或锁骨上 2～3 横指处作为进针点。

在此部位颈内静脉位于胸锁乳突肌的下面略偏外侧。穿刺时将肩部垫高，头尽量转向对侧，针体保持水平位，在胸锁乳突肌的深部指向胸骨柄上窝方向前进。针尖不宜过分向内侧深入，以免损伤颈总动脉。该穿刺路径现临床已少用。

（三）并发症

1. 误穿动脉

误穿动脉的机会较大。若为外出血，则采用局部加压止血缓解。若发生内出血，血液流向纵隔形成纵隔血肿，应及时确诊进行手术治疗。术前应充分评估术中风险，谨慎操作，必要时予超声引导。

2. 气胸、血气胸

当注射器回抽见血、气体时，应分析排查是穿刺针连接漏气、创伤患者原来即存在血气胸，还是误穿气管。

3. 穿刺点局部出血、血肿

凝血功能障碍患者发生该并发症可能性较大，切忌反复穿刺。术后应严密观察、压迫止血。此外，固定导管时，应避开颈外静脉。

4. 感染

感染可致菌血症，故应严格执行无菌技术原则，尽量提高一次穿刺成功率；防止发生局部穿刺处感染；置管期间，应每日换药，一旦发生感染立刻拔管或换管。

5. 心律失常

导丝或导管置入过深，刺激到心脏内壁会引起心律失常。因此，一方面穿刺时应避免导丝及导管置入过深，另一方面应在心电图（electrocardiogram，ECG）监测下进行穿刺。

（四）优势及劣势

1. 优势

优势：颈内静脉穿刺置管穿刺快速，操作简单，血管损伤小，拔管后静脉恢复快；右侧颈内静脉、头臂静脉、上腔静脉几乎成一直线，因此可提高置管成功率；相对于锁骨下静脉穿刺，误伤动脉时，可压迫止血；相对于股静脉穿刺，感染发生率低，留置时间长。

2. 劣势

劣势：由于颈内静脉易塌陷，因此不适用于血容量相对过低或休克的患者（血容量不足可选择仍然很明显的锁骨下静脉）；颈内静脉穿刺置管后影响头部运动；对怀疑颈椎受伤的患者要慎用。

二、锁骨下静脉穿刺置管

（一）解剖结构

锁骨下静脉长 3～4 cm，直径为 10～25 mm，在第 1 肋外缘续于腋静脉，锁骨内

1/3 段几乎与锁骨呈平行走行，至胸锁关节后方与颈内静脉汇合成无名静脉。

（二）技术操作

1. 体位、穿刺入路及定位

患者取仰卧位，头低10°～15°并偏向穿刺对侧，两肩胛骨之间垫4～5 cm高的小枕，使双肩自然下垂、锁骨中段抬高。

（1）锁骨下入路：锁骨中、外1/3交界处，锁骨下方约1 cm为进针点，针尖向内轻度向头端指向锁骨胸骨端的后上缘前进。若未刺得静脉，可退针至皮下，使针尖指向甲状软骨方向进针。在穿刺过程中尽量保持穿刺针与胸壁呈水平位、贴近锁骨后缘。由于壁层胸膜向上延伸可超过第1肋约2.5 cm，因此当进针过深而越过了第1肋或穿透了静脉前后壁，刺破了胸膜及肺时，就可引起气胸。这是目前较少采用此进路的主要原因。

（2）锁骨上入路：患者肩部垫高，头尽量转向对侧并挺露锁骨上窝。胸锁乳突肌锁骨头的外侧缘、锁骨上约1 cm处为进针点。针体与锁骨或矢状面（中线）成45°角，在冠状面针体保持水平或略向前偏15°朝向胸锁关节前进，通常进针1.5～2.0 cm即可。

2. 消毒、铺巾、局麻、穿刺

穿刺针进入静脉后，当术者见到暗红色静脉血时，固定针体，送入导丝，退出穿刺针，沿导丝套入扩皮器扩皮肤及皮下组织，退出扩皮器，再沿导丝送入中心静脉导管，导管留置深度12～15 cm，拔除导丝，用注射器回抽，抽出静脉血，再次确认导管在静脉，连接液体确定是否通畅，透明敷料固定中心静脉导管。

3. 置管深度

右侧的置管深度为13～15 cm，左侧的为15～17 cm。

4. 改良的左侧锁骨下静脉穿刺法

穿刺侧上肢外展45°，后伸30°，取左侧肱骨喙突向内4～5 cm，锁骨下缘2～3 cm为进针点，进针方向指向气管环状软骨与锁骨上凹连线的中、外1/3交界点，根据患者的胖瘦程度进行调整，使针向与身体冠状面成10°～25°，与水平面成15°～30°。进针深度以刚越过锁骨下缘为止，然后保持注射器负压缓慢退针，见血后判断是否进入锁骨下静脉。

（三）并发症

1. 气胸、血气胸

锁骨下静脉的下后壁与胸膜仅相距5 mm，极易损伤胸膜。穿刺时注射器回抽有气体，须排除注射器与穿刺针连接漏气，以及创伤患者原来即存在气胸、血气胸。

2. 误穿动脉、局部出血、血肿

由于锁骨下静脉和动脉距离近、伴行途径长，因此误穿动脉机会较大。在患者血压高、凝血功能异常或穿刺部位存在动脉瘤的情况下风险更大，如误伤动脉可形成致命的巨大血肿压迫气管，导致严重呼吸困难、窒息。

3. 心律失常

心律失常及心绞痛主要是由钢丝及导管的不良刺激引起的。

4. 感染

术者操作不当容易导致患者并发感染。

（四）优势及劣势

1. 优势

优势：锁骨下静脉较其他备选部位（如颈内静脉与股静脉）留置时间长；锁骨下静脉导管相关感染率较其他备选部位（如颈内静脉与股静脉）低；锁骨下静脉穿刺相对于股静脉穿刺，导管移位、血栓形成的概率都要低；锁骨下静脉位置固定，不易塌陷。

2. 劣势

劣势：锁骨下静脉穿刺技术难度较大，穿刺过程中并发症（如血气胸）发生率高且较严重，甚至可能危及患者生命；锁骨下静脉穿刺相关的机械性并发症（如动脉误伤、少量出血、血肿、导管异位）较颈内静脉和股静脉风险性高；锁骨下静脉穿刺过程中误伤动脉导致出血时，不易压迫止血。

三、股静脉穿刺置管

（一）解剖结构

股静脉是下肢的主要静脉干，其上段位于股三角内。股三角是位于大腿根部的底在上、尖朝下的三角形凹陷，其底边为腹股沟韧带，外侧边为缝匠肌内侧缘，内侧边为长收肌的内侧缘。股三角的前壁是阔筋膜，其后壁凹陷，自外向内依次为髂腰肌、耻骨肌和长收肌及其表面的筋膜。在股三角中，股静脉、股动脉、股神经由内到外依次排列。

（二）技术操作

1. 患者体位

患者取仰卧位，膝关节微屈，臀部稍垫高，髋关节伸直并稍外展外旋。

2. 穿刺入路及定位

具体操作：在腹股沟韧带中部下方 2～3 cm 处，触摸股动脉搏动，确定股动脉走行。方法是左手示指（即食指，为医学专业术语）、中指、无名指并拢，成一直线，置于股动脉上方。当因患者过度肥胖或高度水肿而摸不到股动脉搏动时，穿刺点选在髂前上棘与耻骨结节连线的中、内 1/3 段交界点下方 2～3 cm 处，穿刺点不可过低，以免穿透大隐静脉根部。当能摸到股动脉搏动时，以手指摸实动脉的走行线，以股动脉内侧 0.5 cm 与腹股沟皮折线交点为穿刺点；胖人的穿刺点下移 1～2 cm。

3. 消毒、铺巾、局麻、穿刺

具体操作：右手持穿刺针，针尖朝脐侧，斜面向上（很重要），针体与皮肤成 30°～

45°；胖人的进针角度宜偏大。沿股动脉走行进针，一般进针深度2～5 cm，持续负压；见到回血后再进行微调，宜再稍进或退一点，同时下压针柄10°～20°，以确保导丝顺利进入。

4. 置管

置管深度：20～25 cm。

（三）并发症

1. 误穿股动脉

原因：多由穿刺困难、反复操作引起，若处理不当可造成局部巨大血肿。

处理措施：穿刺时感受动脉走向，针尖不可过偏向外侧。误穿后应立即拔针，并在穿刺点加压止血。

2. 感染

原因：股静脉穿刺点靠近会阴部，操作不当容易发生感染。

处理措施：注意无菌操作，加强术后护理。

3. 空气栓塞

原因：输液装置封闭不严、液体更换不及时、卡口脱落等情况可能导致空气吸入而形成空气栓塞。

处理措施：充分准备好输液装置，快速输液时严密观察及时换液。

4. 深静脉血栓形成

原因：置管处静脉壁损伤、卧床血流缓慢等多因素为血栓形成创造条件。

处理措施：日常观察穿刺肢体有无肿胀，皮温、色泽是否正常，必要时可进行B超定位。一旦发现血栓，立即拔管，患肢抬高制动，对症处理。

（四）优势及劣势

1. 优势

优势：股静脉管腔粗大，位置固定，走形直，周围无重要组织结构，穿刺难度较小，成功率高；股静脉远离心房，为正压静脉，安全系数较高；导管的置入深度较深，不易脱落。

2. 劣势

劣势：靠近腹股沟，感染发生率较高；普通中心静脉导管长度无法到达下腔静脉，不易于监测中心静脉压；患者带管行动易造成导管弯折、堵塞。

第二节　环甲膜穿刺

环甲膜穿刺是对有呼吸道梗阻、严重呼吸困难的患者采用的急救方法之一。

一、适应证

（1）急性上呼吸道梗阻。
（2）喉源性呼吸困难（如白喉、喉头严重水肿等）。
（3）头面部严重外伤。
（4）气管插管有禁忌或病情紧急而须快速开放气道。

二、解剖结构

环甲膜位于甲状软骨和环状软骨之间，前无坚硬遮挡组织（仅有柔软的甲状腺通过），后通气管，仅为1层薄膜，周围无要害部位，因此利于穿刺。如果自己寻找，可以低头，然后沿喉结最突出处向下轻轻地摸，在2～3 cm处有一如黄豆大小的凹陷，此处即为环甲膜位置所在。

三、技术操作

患者取仰卧位，头后仰。局部消毒后，术者用示指、中指固定环状软骨两侧，以一粗注射针垂直刺入环甲膜。由于环甲膜后为中空的气管，因此刺穿后有落空感，术者会觉得阻力突然消失。接着回抽，若有空气抽出，则穿刺成功。患者可有咳嗽等刺激症状，随即呼吸道梗阻的症状缓解。若上呼吸道完全阻塞难以呼吸（此处所说的上呼吸道是指喉部以上的呼吸道），则须另刺入气管导管针为呼吸建立通路。

四、并发症

（1）出血。凝血功能障碍的患者宜慎重考虑。
（2）食管穿孔。食管位于气管的后端，穿刺时用力过大过猛，或没掌握好进针深度，均可穿破食管，形成食管－气管瘘。
（3）皮下或纵隔气肿。

第三节 气管切开术

气管切开术指切开颈段气管，放入金属气管套管和硅胶套管的手术，是解除喉源性呼吸困难、呼吸功能失常或下呼吸道分泌物潴留所致呼吸困难的常见手术。

一、适应证

（1）喉阻塞：喉部炎症、肿瘤、外伤、异物等引起的严重喉阻塞。

（2）下呼吸道分泌物潴留：各种原因（颅脑外伤、胸腹外伤及脊髓灰质炎等）导致下呼吸道分泌物潴留，为了吸痰和保持气道通畅，可考虑气管切开。

（3）预防性气管切开：咽部肿瘤、脓肿伴呼吸困难；对某些口腔、鼻咽、颌面、咽喉部大手术，为了进行全麻，防止术中及术后血液流入下呼吸道，保持术后呼吸道通畅；防止术后术区出血或局部组织肿胀阻碍呼吸，可施行气管切开。

（4）取气管异物：经内镜下钳取未成功，估计再取有窒息危险，或无施行气管镜检查设备和技术者，可经气管切开途径取出异物（很少）。

二、禁忌证

禁忌证包括气管畸形、颈前肿物或感染，严重凝血障碍，不稳定的心肺状态（休克、极其不良的通气状态），全身器官严重衰竭。

三、解剖结构

成人颈段气管有7～11个气管软骨环，90%以上存在甲状腺峡部，峡部可位于第1至第5气管软骨环平面。峡部上方有由两侧甲状腺上动脉组成的动脉弓，峡部下方气管前方有甲状腺下静脉。

四、技术操作（图4－3）

（1）术前准备：患者具备可靠静脉通路，BP、SpO_2、$PaCO_2$、凝血功能尚可，充分通气；确定气管套管外径（女性12～14 mm，男性15～17 mm）和内径（女性不小于6 mm，男性不小于8 mm）。

（2）体位：仰卧位、去枕、头过伸。

（3）定位：第2、第3气管环间，或第3、第4气管环间的水平为宜。

（4）分离气管前组织，确认气管。

（5）切开：形成“H”形或倒“U”形气管切口瓣。

（6）插管：纤支镜（确定位置及连续可视引导）。

（7）创口处理、固定套管。

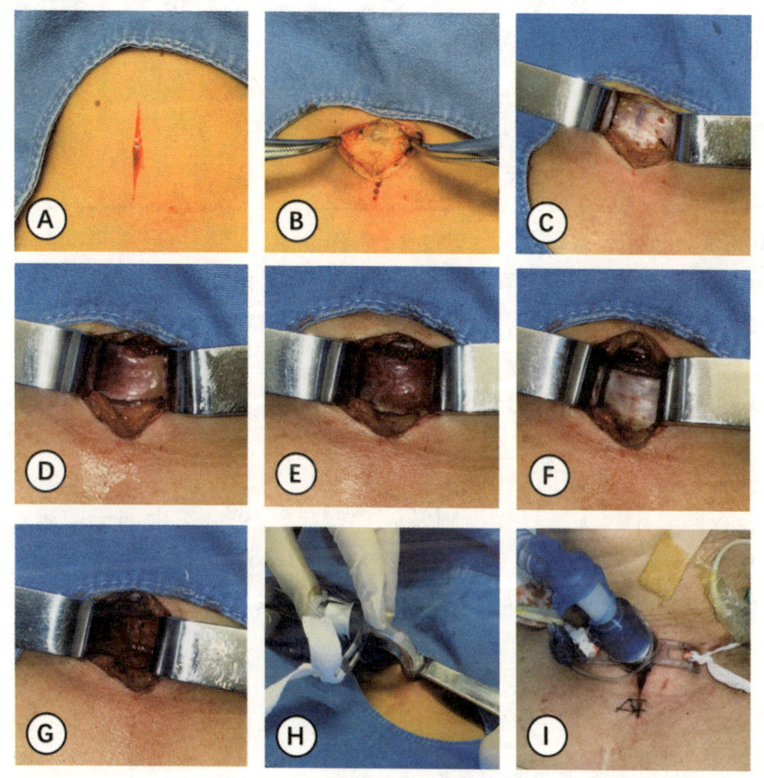

A：做纵行皮肤切口；B：切开皮下；C：显露颈深筋膜浅层；D：切开颈深筋膜显露气管前筋膜；E：切开气管前筋膜显露甲状腺峡部；F：向上牵起甲状腺峡部，显露气管软骨；G：切开第3、第4气管环前壁；H：置入气管套管；I：固定套管。

图4-3　气管切开术

五、并发症及处理

早期并发症包括感染、出血、纵隔气肿、气胸、气管食管瘘、喉返神经损伤和气管移位。远期并发症包括气管-无名动脉瘘、气管狭窄、气管食管瘘。

（彭洁）

第五章　外科无菌术

目的和要求

（1）学习外科无菌术，熟悉无菌术、消毒、灭菌概念及方法。

（2）掌握外科洗手、皮肤消毒、铺巾的方法及原则。

（3）熟悉手术室的管理规则。

（4）掌握手术中无菌操作原则。

外科无菌术是指专门用于防止微生物污染手术区域的一系列预防措施，它包括无菌设施、消毒及灭菌技术、无菌操作规则及管理制度。19 世纪中期无菌术概念被提出以来，该技术从简单的洗手换衣发展到今天，已形成一整套先进、系统和行之有效的措施，使手术感染的发生率大大降低。无菌原则为手术室第一原则，所有从事外科医疗工作的人员都必须严格遵循。

第一节　消毒及灭菌技术

手术器械和物品的灭菌和消毒是外科无菌术最重要的环节。凡用物理方法及化学灭菌剂彻底消灭与伤口或手术区接触的物品上所附着的细菌，以防止手术感染的方法，称为灭菌法。灭菌法能杀灭一切活的微生物（包括细菌芽孢等）。用化学消毒剂消灭微生物的方法，包括器械消毒、手术室消毒、手术人员的手臂消毒及患者的皮肤消毒，称为消毒法。消毒法只能杀灭病原菌与其他有害微生物，不能杀死细菌芽孢。

一、灭菌法

灭菌法分为物理灭菌法和化学灭菌剂法，以物理灭菌法为主。

常用的物理灭菌法有高温、紫外线、电离辐射等，其中以高温灭菌法最为普遍，主要用于杀灭手术器械、布单、敷料和容器等物品上的细菌。高温灭菌法包括高压蒸气灭菌法、煮沸灭菌法。高压蒸气灭菌法目前应用较广，非常可靠。

对于不耐高温、湿热的器械物品，可使用化学气体灭菌法，包括环氧乙烷法、过氧化氢等离子体低温法。

二、消毒法

消毒法一般包括清洗和消毒两方面。清洗是用肥皂水或化学溶液，洗掉物品和皮肤上的污垢和附着的细菌，提高消毒效果；消毒是用化学消毒剂浸泡或涂擦来杀死病原微生物，常用的化学消毒剂有75%乙醇溶液、1：1 000苯扎溴铵、2%中性戊二醛等。

消毒注意事项：①消毒物品应全部浸泡在消毒液中，有管腔的物品应将管腔中空气排除；②挥发性较大的消毒液应严封加盖，应定期测其浓度并及时更换，浸泡物品应清洗干净并擦干，轴节要打开；③若中途加入物品，则先前浸泡的消毒器械须重新计算浸泡时间；④消毒过的物品使用前应用生理盐水冲洗，以除去消毒液，避免刺激组织。

第二节　手术室的管理

一、手术室的分区

手术室是无菌设施的重要组成部分，它应包括：①卫生通道用房（换鞋处、更衣室、淋浴间、风淋室等）；②手术用房；③手术辅助用房（洗手间、麻醉间等）；④消毒供应用房（消毒间、器械存放间等）；⑤ 办公用房（医生办公室、工作人员休息室等）。

根据需要还应配备教学用房及实验诊断用房。根据洁净程度，手术室可分为有菌区和无菌区。有菌区包括卫生通道用房（医护人员通道及患者进出通道）、办公用房等，无菌区包括手术用房、手术辅助用房（图5－1）。

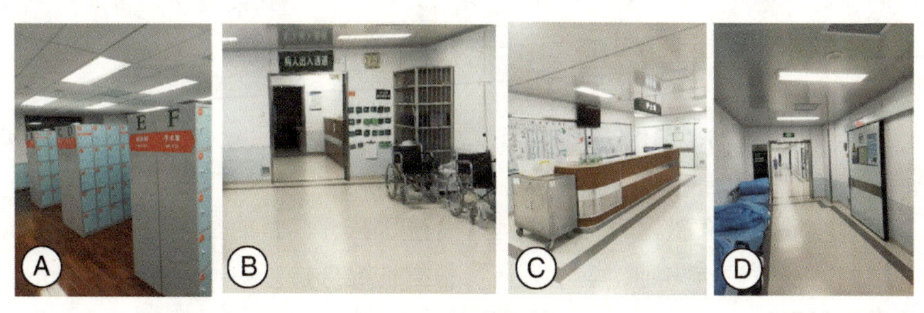

A：换鞋区；B：病人进出通道；C：护士站；D：走廊。

图5－1　手术室环境

二、手术室的管理制度

（1）进入手术室人员必须更换洗手衣、裤、鞋，戴手术帽及口罩。帽子要盖住全部头发，口罩要求遮住口鼻。洗手衣下摆必须全部插入裤子内，不能外露。临时参观人员须正规穿着参观衣。临时出手术室须换外出衣裤和鞋。

（2）手术室内应保持安静，禁止吸烟及大声喧哗，禁止使用移动电话。

（3）手术室应尽量减少参观人员入室，只允许在指定地点参观，不得靠手术台太近或站得过高，不得触碰手术人员，参观感染手术后，不得再到其他手术间参观。

（4）无菌手术间和有菌手术间应相对固定。如做连台手术，应先做无菌手术，后做污染或感染手术，严禁在同一个手术间内同时进行无菌及污染手术。每次手术完毕后，应彻底洗刷地面、清除污液、敷料及杂物。

（5）手术完毕后应及时清洁或消毒处理用过的器械及物品，对具有传染性患者的手术器械及废物应做特殊处理，手术间亦须按要求特殊消毒。

（6）手术室内应定期进行空气消毒，每周应彻底大扫除 1 次。

（7）患有手臂化脓性感染的患者或呼吸道炎症的人员不能进入手术室。

（8）手术室外的推车及布单原则上禁止进入手术室，手术患者应在隔离区换乘手术室推床。

第三节 医护人员的术前准备

一、常规准备

手术人员进手术室前，在更衣室里更换清洁洗手衣、裤和拖鞋，取下手上的饰物，剪短指甲，去除甲沟污垢，戴好口罩、帽子。戴眼镜者可先用肥皂液涂擦镜片，再擦干镜片，以防止呼出热气上升使镜片模糊。手术人员将双侧衣袖卷至肘上 10 cm。患上呼吸道感染、上肢皮肤破损或有化脓感染者，不宜参加手术。

二、手和手臂皮肤的准备

手和手臂皮肤的准备被习惯性地称为外科洗手法，其目的是清除在手和手臂皮肤表面暂居的细菌。该方法有多种，手术人员可根据情况选择。参加手术人员应先行修剪指甲、除去甲沟污垢。

随着新型消毒剂的普遍使用，传统的“刷手 + 酒精浸泡”的方法已经很少采用，目前已逐渐简化为“七步洗手＋消毒凝胶涂抹”：先用洗手液按七步洗手法彻底去除手臂的污渍（至肘上方 10 cm），冲洗后，用灭菌擦手巾擦干双手后对折成三角形，放于腕部，三角尖端指向手部，另一手抓住下垂两角，拉紧毛巾旋转，逐渐向上移动至肘上；再将擦手巾翻面对折，用同样的方法擦干另一手臂（擦手巾不能向手部倒退移动，握巾的手不能接触擦手巾已接触过皮肤的部分）；擦干手臂后，取适量消毒凝胶（如图 5－2 所示，成分多为乙醇、正丙醇、氯己定）均匀涂抹于手部及手臂（禁止涂抹肘上未洗的皮肤），自然晾干。

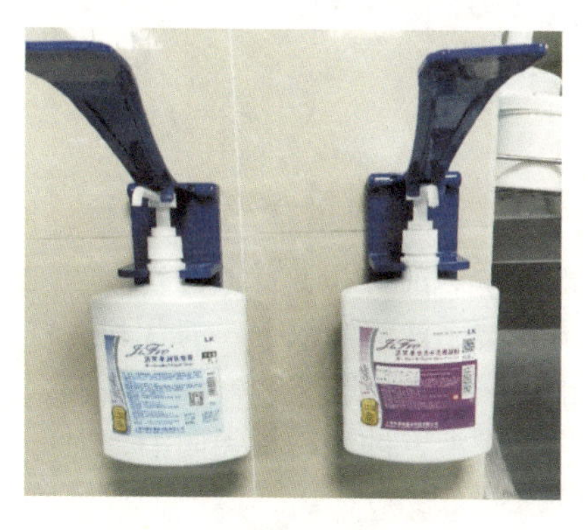

图 5－2　洗手液及消毒凝胶

手术人员通过机械性洗刷及化学消毒的方法，尽可能刷除双手及前臂的暂居菌和部分常驻菌，从而达到手消毒的目的。

（一）操作重点步骤

（1）选用作用快，含有广谱抗菌成分，对皮肤刺激小，残余活性高，符合国家有关规定的消毒剂。

（2）在整个手消毒过程中应保持指尖朝上，让手的位置高于肘部，如图 5－3A 所示。

（3）刷手后的手臂、肘部不可触及他物，若不慎触及，视为污染，必须重新洗。

（4）消毒后的双手应置于胸前，肘部抬高外展并远离身体，迅速进入手术间，避免受污染，如图 5－3B 所示。

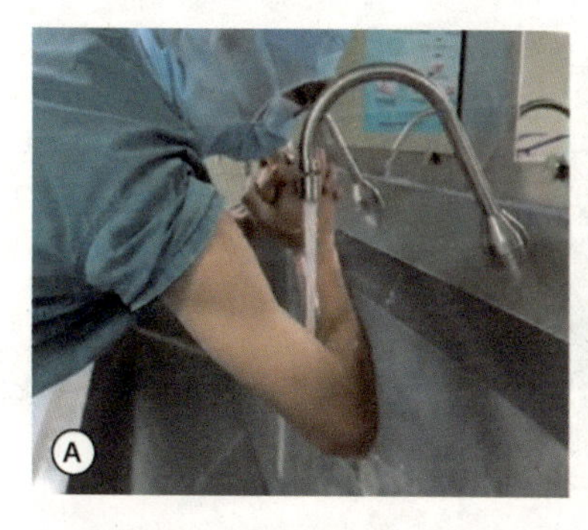

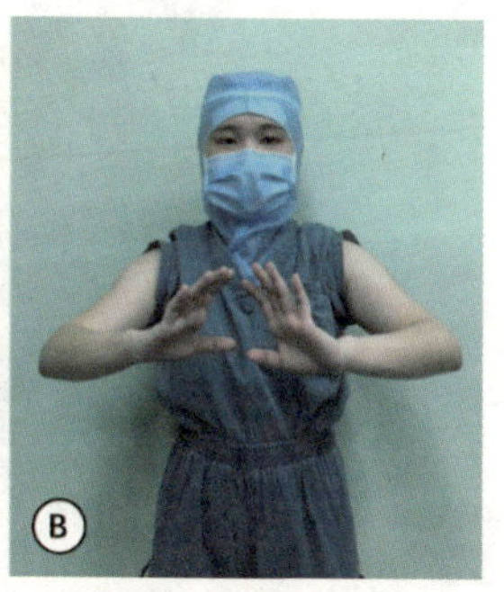

图 5－3　冲洗时手应高于肘，消毒后的双手应置于胸前，肘部抬高外展、远离身体

（5）进行感染手术后的连台手术，先脱去手术衣，然后脱手套并更换口罩、帽子，最后按洗手规则消毒双手。

（二）卫生学要求及标准

（1）符合无菌技术操作要求。

（2）手消毒液符合国家有关规定。

（3）外科洗手消毒程序、操作正确。

（4）卫生学检测达标（手的细菌总数不大于 5 cfu/cm^2，未检出金黄色葡萄球菌、大肠杆菌、铜绿假单胞菌）。

（三）详细步骤

（1）清除甲下污垢。

（2）湿手，流动水冲洗双手、前臂和上臂下 1/3。

（3）取适量皂液，按七步洗手法清洗双手、前臂和上臂下 1/3，一手旋转揉搓另一手前臂和上臂下 1/3，双侧交换进行。

（4）流动水下彻底冲净洗手液，冲洗时指尖向上，肘部置于最低位，不得返流。

（5）用无菌干手巾擦干（图 5－4）。

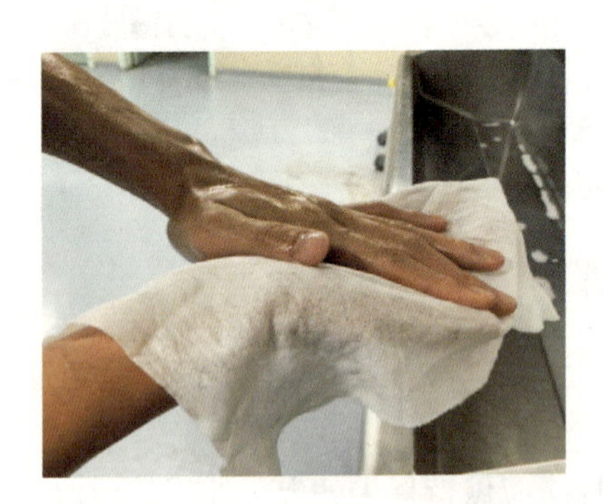

图 5－4　无菌擦手巾擦手

（6）取适量外科手消毒液或消毒凝胶，揉搓双手至上臂下 1/3（图 5－5）。

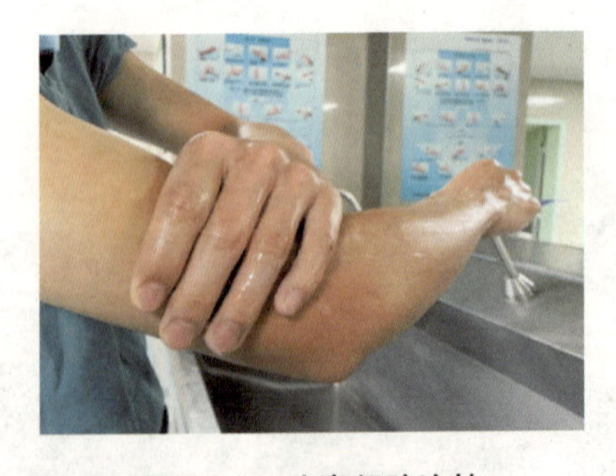

图 5－5　消毒凝胶涂抹

（7）取适量外科手消毒液，按七步洗手法揉搓双手，直至消毒液干燥。

（8）保持手指朝上，将双手悬空举在胸前。

（9）手消毒揉搓时间一般为2～6 min。

（四）七步洗手法

七步洗手法口诀的内容为“内外夹攻（弓）大力（立）丸（腕）”。其具体解释如下。

（1）“内”：掌心相对，手指并拢，相互揉搓——清洗掌心（图5-6A）。

（2）“外”：手心对手背，沿指缝相互揉搓，交替进行——清洗掌背（图5-6B）。

（3）“夹”：掌心相对，双手交叉，沿指缝相互揉搓——清洗手指的侧面（图5-6C）。

（4）“攻（弓）”：弯曲一手手指，使其指关节在另一手掌心旋转揉搓，交替进行——清洗指背、指腹（图5-6D）。

（5）“大”：一手握住另一手大拇指旋转揉搓，交替进行——清洗大拇指（图5-6E）。

（6）“力（立）”：将一手的所有指尖并拢，放在另一手掌心旋转揉搓，交替进行——清洗手指指间、甲缝（图5-6F）。

（7）“丸（腕）”：一手螺旋式擦洗另一手手腕、前臂及以上部位，直至肘关节以上10 cm，交替进行——清洗腕部、前臂、肘部（图5-6G）。

七步洗手法的操作步骤如图5-6所示。

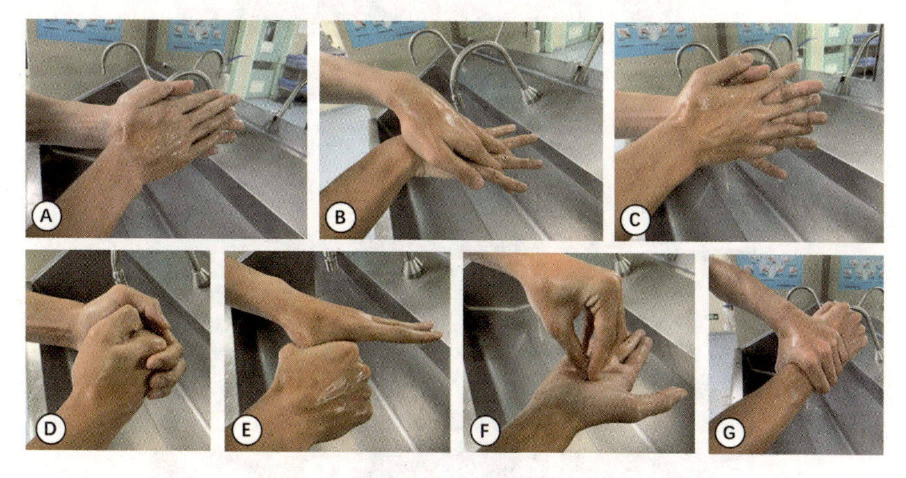

图5-6 七步洗手法

三、穿手术衣与戴手套

手和手臂消毒仅能清除皮肤表面的细菌，而在皮肤皱纹内和皮肤深层（如毛囊、皮脂腺等）存在的细菌不易完全消灭。手术中这些细菌会逐渐转移到皮肤表层，因此，在手和手臂消毒后还必须穿无菌衣和戴无菌手套，以防细菌污染手术野造成感染。

双手消毒后，双手呈“手上肘下”置于胸前，不能接触躯干，入手术间，开始穿手术衣。

操作步骤：

（1）取出无菌手术衣，站在较宽敞的地方（图5-7A）。

（2）认清衣服的上下、正反面并注意衣服的折法。手术衣的衣襟（开口）对前方，袖筒口对自己，提住衣领，向两边分开，轻轻抖开手术衣（图5－7B）。

（3）将手术衣轻轻向前上方抛起，两手臂顺势伸入袖内，手向前伸（图5－7C）。

（4）请巡回护士从身后抓住两侧的衣领角向后拉，双手前伸（图5－7D）。

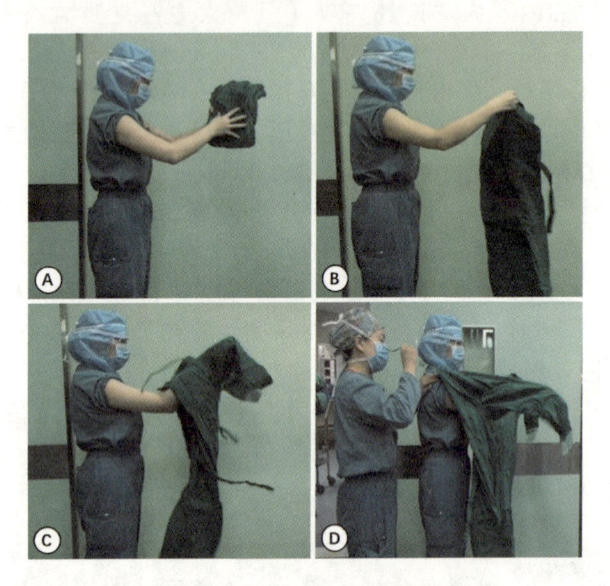

图5－7　无菌手术衣的穿着方法

（5）戴好无菌手套。分为传统接触式戴手套法（图5－8）和非接触式戴手套法（图5－9）。非接触式戴手套法近年来被越来越多医院采用。

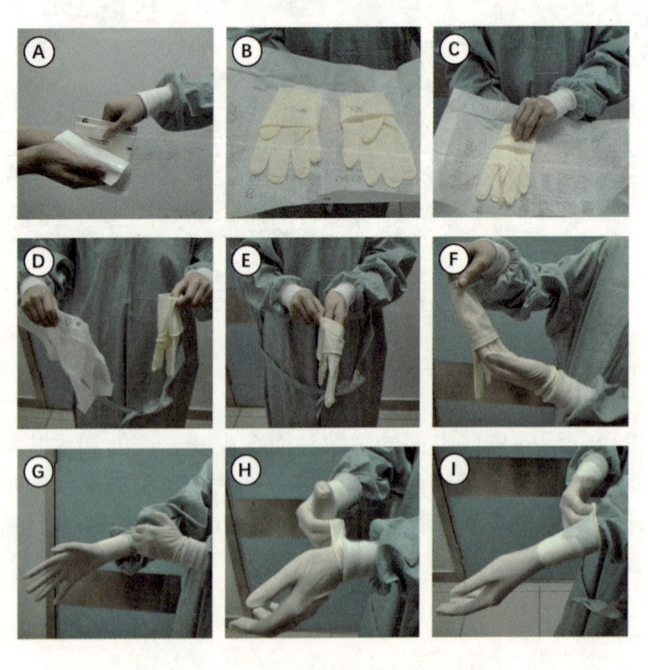

图5－8　传统接触式戴无菌手套法

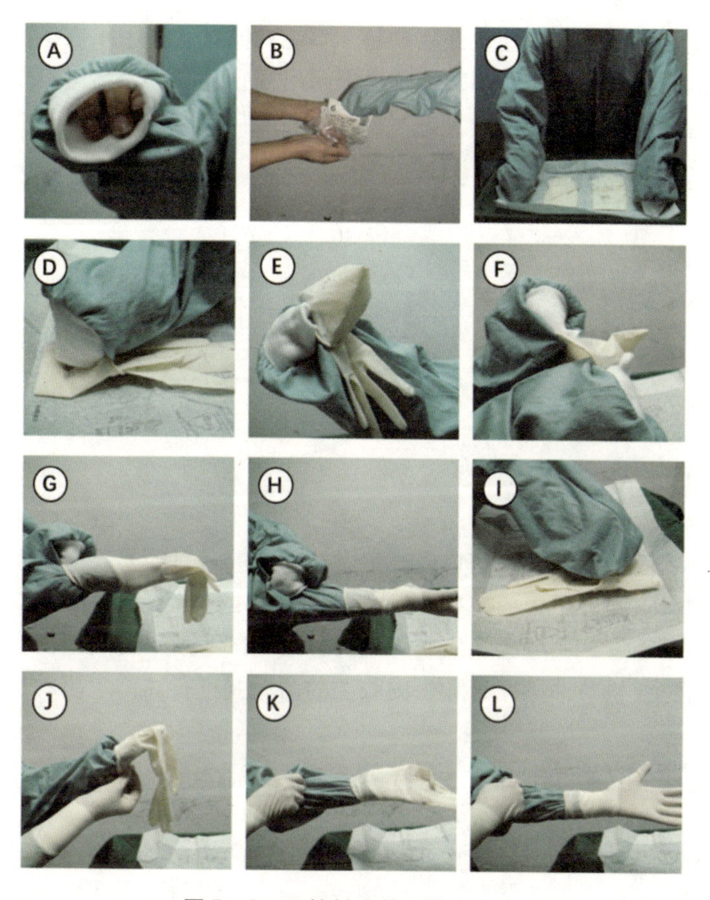

图5－9　无接触式戴无菌手套法

（6）解开胸前衣带的活结，右手捏住三角部相连的腰带，递给已穿戴好手术衣和手套的手术人员。穿衣者原地自转一周，接传递过来的无菌衣带并于胸前系好（图5－10）。

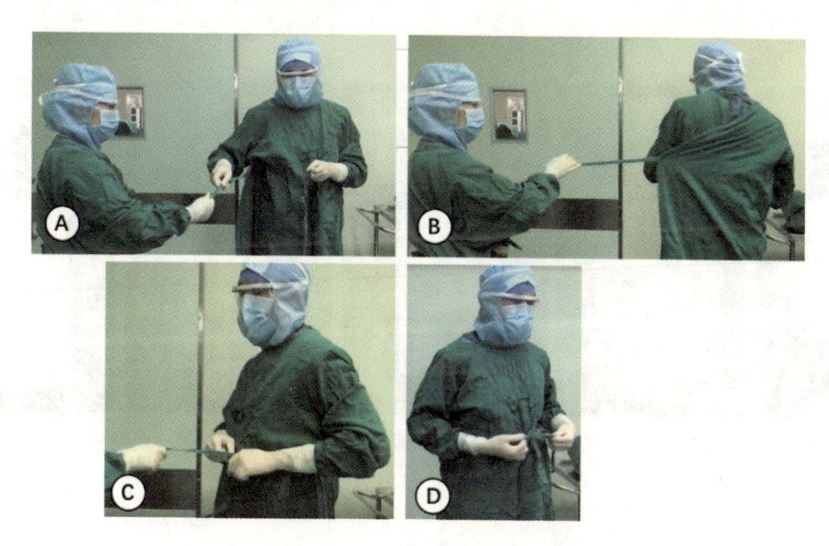

图5－10　衣带的传递和系绑

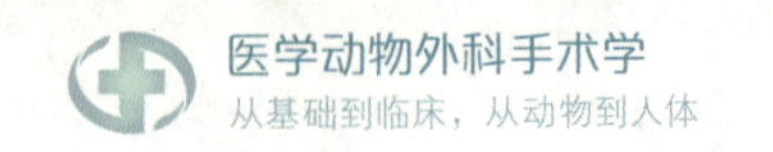

注意事项：取衣时应一次性整件地拿起，不能只抓衣领将手术衣掩出无菌区。穿衣时，双手不能高举过头或伸向两侧，否则手部超出视野范围，容易碰触未消毒物品。未戴手套的手不能触及手术衣的正面，更不能将手插入胸前衣袋里。传递腰带时，不能与协助穿衣人员的手相接触。

第四节 患者手术区域的准备

一、常规准备

为防止皮肤表面的细菌进入切口内，患者在手术前一日或当日应准备皮肤，又称为备皮。例如，进行下腹部手术，应剃除腹部及会阴部的毛发；进行胸部和上肢的手术，应剃除胸部及腋下毛发。头颅手术应剃除一部分或全部头发。皮肤上留有油垢或胶布粘贴痕迹，须用乙醚或松节油擦净，除去皮肤上的污垢并进行沐浴、更衣。

二、手术区皮肤消毒

手术区皮肤消毒的目的是杀灭皮肤切口及其周围的细菌。一般由第一助手在洗手后完成。

（1）常用消毒剂有2%碘酊、75%乙醇溶液、安尔碘（Ⅰ型、Ⅱ型、Ⅲ型）等（图5－11）。使用碘酊消毒时必须用75%乙醇溶液脱碘；也可以用安尔碘消毒皮肤。对于黏膜、婴儿皮肤、面部皮肤、肛门、外生殖器，一般用Ⅲ型安尔碘消毒，因其不含乙醇（表5－1）。

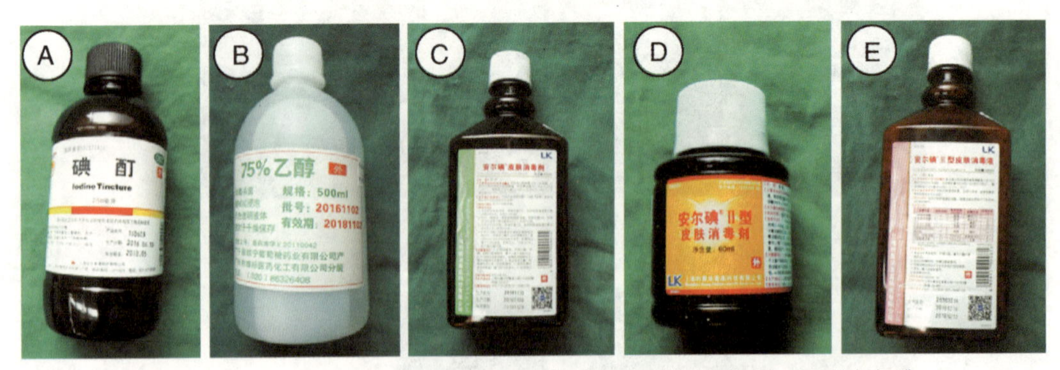

A：2%碘酊；B：75%乙醇溶液；C：Ⅰ型安尔碘；D：Ⅱ型安尔碘；E．Ⅲ型安尔碘。

图5－11 常用消毒剂

表5－1　常用消毒剂

消毒剂	成分	用途
2%碘酊	—	手术部位皮肤消毒，禁止用于婴幼儿皮肤、颜面部、会阴肛门区域、黏膜等部位的消毒
75%乙醇溶液	—	皮肤的脱碘、消毒，外科洗手消毒
Ⅰ型安尔碘	有效碘为0.18%～0.22%，乙醇为60%～70%，醋酸氯己定为0.405%～0.495%	手术部位皮肤消毒
Ⅱ型安尔碘	有效碘为0.09%～0.12%，乙醇为60%～70%，醋酸氯己定为0.45%～0.50%	手术部位皮肤消毒，动、静脉穿刺，以及肌内注射等局部皮肤的消毒
Ⅲ型安尔碘	有效碘为0.45%～0.55%，葡萄糖酸氯己定为0.09%～0.11%	颜面部、会阴肛门区域、黏膜、婴幼儿、乙醇过敏者手术部位皮肤消毒

（2）第一助手在手臂消毒后，接过器械护士递给的卵圆钳和盛有浸过消毒剂的纱布的杯或碗，开始给患者皮肤消毒。消毒原则由清洁区开始到相对不洁区，消毒纱布从术野中心皮肤向外周涂擦（由内向外），切忌返回中心。若为感染区域手术，或进行会阴、肛门的消毒，则应由外周向感染伤口或会阴、肛门处涂擦（由外向内）。消毒步骤如图5－12所示。

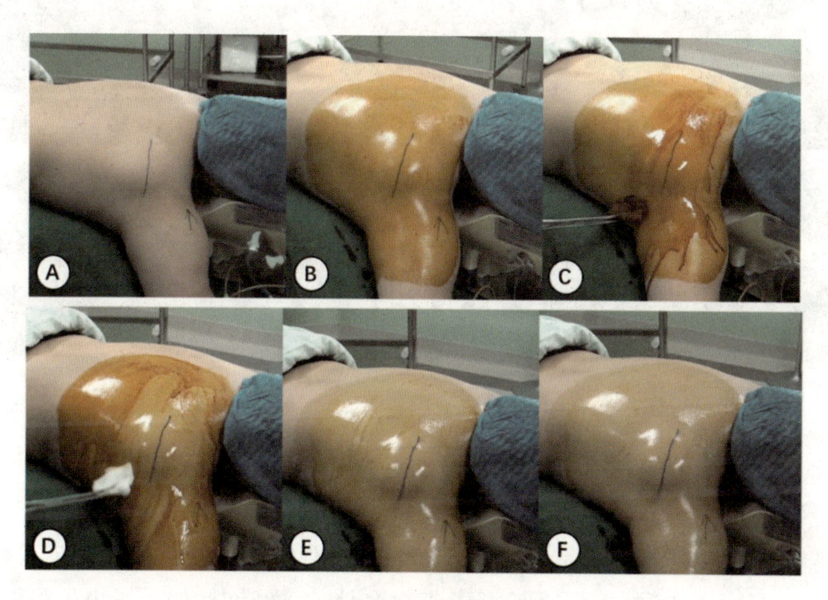

图5－12　手术区域皮肤的消毒

（3）消毒范围：至少达切口周围15 cm，若预估术中有可能延长切口，则需要相应扩大消毒范围。

注意事项：用碘酊消毒时，应在碘酊消毒 2 遍并自然晾干后，再用乙醇溶液脱碘 3 遍，这样才能更好地发挥碘的灭菌作用；涂擦时应方向一致，忌来回涂擦，每次涂擦应有 1/4～1/3 的区域重叠，不可留下未消毒的空白区，已经接触污染部位的棉球或纱布，不可再擦已经消毒的部位；消毒腹部皮肤时，先将消毒液滴入脐窝内，待皮肤消毒完后，再用棉球和纱布擦拭脐窝。

三、手术区铺巾

除显露手术切口所必需的皮肤以外，其他部位均用无菌巾遮盖，以避免和尽量减少手术中的污染。

（1）铺巾原则：中等以上手术，特别是涉及深部组织的手术，切口周围至少要有 4～6 层无菌巾，术野周边要有 3 层无菌巾遮盖。

（2）铺巾范围：头侧要铺盖过患者头部和麻醉架，下端遮盖过患者足部，两侧部位应下垂过手术床边 30 cm 以下。

（3）铺巾方法：若操作者未穿无菌手术衣，则先铺相对不洁区，再铺对侧、头侧，最后铺靠近操作者的一侧。若操作者已穿好手术衣，则应先铺靠近操作者一侧，再铺相对不洁侧，最后铺其他侧。铺好后，可用巾钳固定无菌单交角处，再加盖中单、大单，最后铺孔巾。铺布步骤如图 5－13 所示。

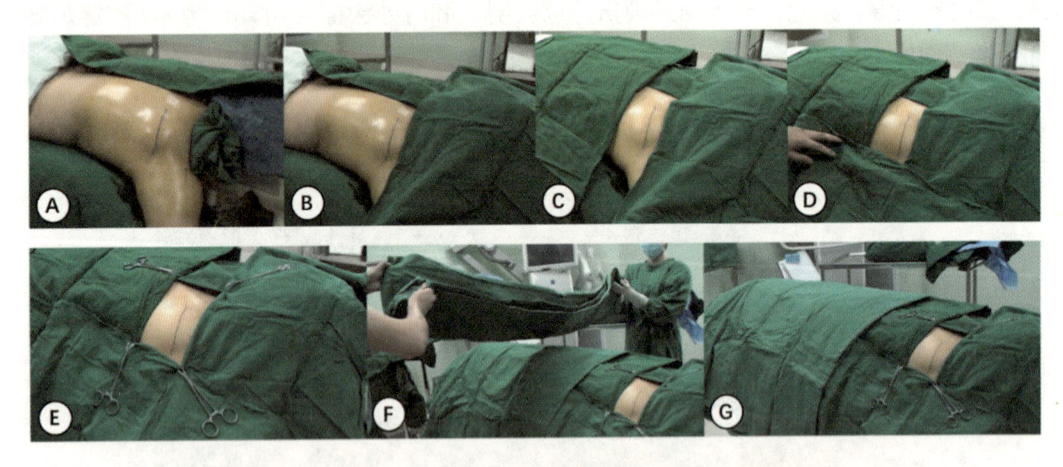

图 5－13　铺巾

注意事项：

（1）铺巾时，助手未戴手套的手，不得触碰器械护士已戴手套的手。

（2）铺巾前，应先确定手术切口的部位，铺巾外露切口部分的范围不可过大，也不可太窄小，行探查性手术时需留有延长切口余地。已经铺好的手术巾不得随意移位，如果必须移动少许，只能够从切口部位向外移动，不能向切口部位内移，否则更换手术巾，重新铺巾。

（3）铺切口周围小手术巾时，应将其折叠 1/4，使近切口部位有 2 层手术巾。

（4）铺中、大单时，手不得低于手术台平面，也不可接触未消毒的物品，以免污染。操作者铺巾后，手、手臂应再次消毒后才能穿手术衣、戴手套。

第五节　手术进行中的无菌原则

虽然无菌设施及各项消毒灭菌技术为手术提供了一个无菌操作的环境，但是，如果没有一定的规章来保持这种无菌环境，那么已经消毒灭菌的物品和手术区仍有可能受到污染，引起伤口感染。因此，在整个手术过程中，应严格遵循以下无菌操作原则。

（1）手术人员一旦完成外科洗手，手和前臂即不准再接触未经消毒的物品。穿无菌手术衣和戴无菌手套后，背部、腰部以下和肩部以上都应认为是有菌地带，不能接触，手术台以下的床单也不能接触。

（2）不可在手术人员背后传递器械及手术用品，手术人员不要伸手自取，应由器械护士传递，坠落到无菌巾或手术台边以外的器械物品，不准拾回再用。

（3）手术过程中，同侧手术人员如需调换位置，应背靠背进行交换；出汗较多或颜面被血液污染，应将头偏向一侧，由他人代为擦拭，以免落入手术区内。

（4）手术中如手套破损或接触到有菌地方，应更换无菌手套，前臂或肘部触碰到有菌地方，应更换无菌手术衣或加套无菌袖套。如果无菌布单已被湿透，其无菌隔离作用不再可靠，应加盖干的无菌单。

（5）手术开始前要清点器械、敷料。手术结束后，检查胸、腹等体腔，认真核对器械、敷料（尤其是缝针、纱布块）无误后，方能关闭切口，以免异物遗留体内，产生严重后果。

（6）切口边缘应用大纱布块或手术巾遮盖，并用巾钳或缝线固定，仅显露手术切口。切皮肤用的刀、镊等器械不能再用于体腔内，应重新更换。做皮肤切口及缝合皮肤之前，应用消毒液再次涂擦消毒皮肤 1 次。

（7）切开空腔器官之前，要先用纱布垫保护好周围组织，以防止或减少污染。

（8）手术如需额外添加器械，应由巡回护士添加，并记录增加物品种类及数目，以便术后核对，手术人员严禁自行取物。

（9）参观手术人员不可太靠近手术人员或站得太高，尽量减少在手术室内走动，有条件的医院可设专门的隔离看台，或现场录像转播。

（10）若术中需要使用 C 臂 X 光机、显微镜、超声仪、电钻及其他仪器或器械，则需要用无菌套做好隔离保护，避免仪器污染术野（图 5－14 至图 5－16）。

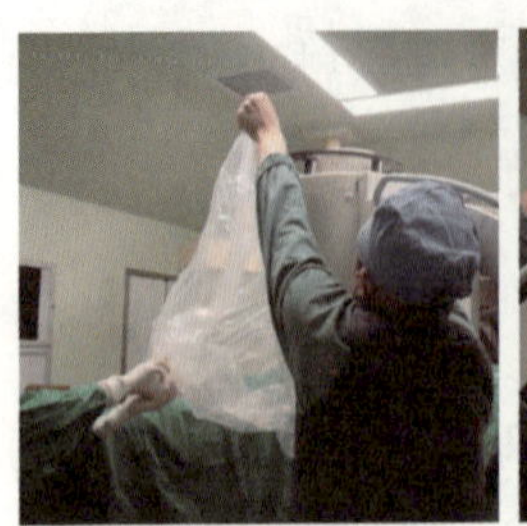
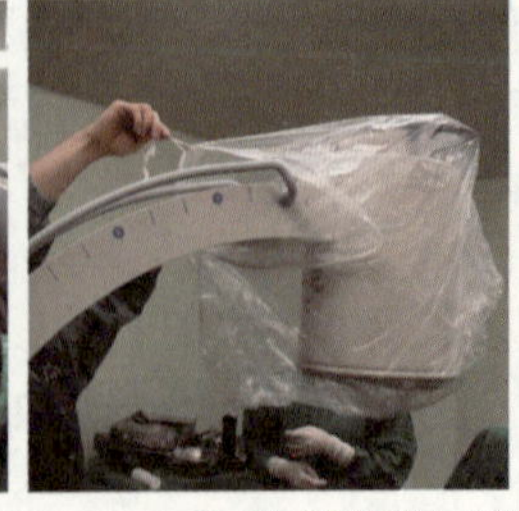
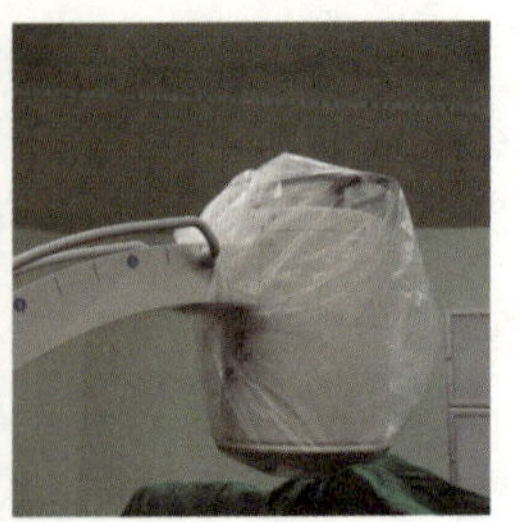

图5－14　C臂X光机无菌套

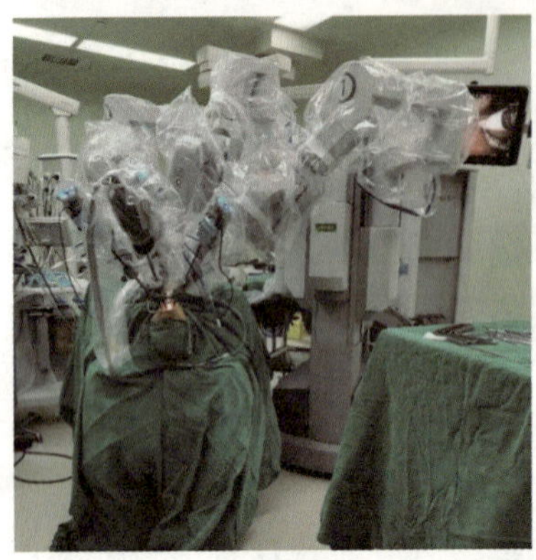
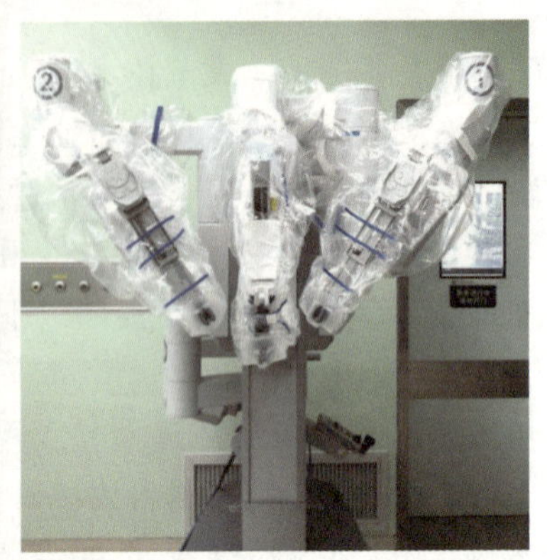

图5－15　达芬奇手术机器人无菌套

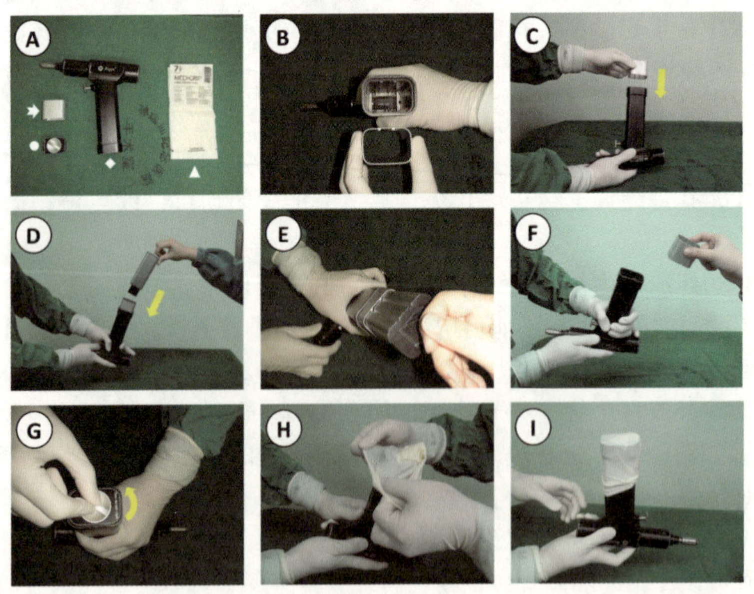

A：准备电钻（◆）、通道（➔）、电池盖（●）及无菌手套（▲）；B：电池入口及保护通道（通道横截面积小于入口，可避免电池触碰电钻外壳造成污染）；C：装配通道；D：装入电池；E：电池凹槽对准通道突起；F：取走通道；G：装上无菌电池盖并旋转、锁紧；H：以无菌手套保护电池入口；I：完成操作。

图5－16　电钻电池安装

（李登　梅美恬）

第六章　外科手术常用器械及使用方法

目的与要求

（1）认识外科手术中常用器械。

（2）学习外科手术中常用器械的结构特点和作用。

（3）掌握外科手术中常用器械的正确应用方法。

器械分类

（1）切割与解剖：刀柄、刀片、组织剪、线剪、咬骨钳、骨刀等。

（2）抓持：有齿镊、Kocher 钳、Allis 钳、Babcock 钳、圈钳、巾钳等。

（3）钳夹：各种止血钳、肠钳、血管钳等。

（4）暴露：皮肤拉钩、甲状腺拉钩、腹部拉钩、压肠板、S 拉钩。

（5）齿乳突牵引器、自动拉钩等。

（6）缝合：持针器、圆针、角针、皮肤钉等。

（7）吸引：各种吸引器。

一、手术刀

手术刀由刀柄和刀片两部分组成（图6－1），二者皆有不同型号，使用时将适合的刀片安装在刀柄上。手术刀用于切割皮肤、锐性分离组织等。刀柄可根据长短、大小分型，每把刀柄通常可适配几种不同型号的刀片，长刀柄常用于开放手术时的深部组织切割，短刀柄常用于皮肤及浅部组织切割。刀片按形态、大小亦可分为不同种类，其中按形态可分为圆刀、尖刀、三角刀等。

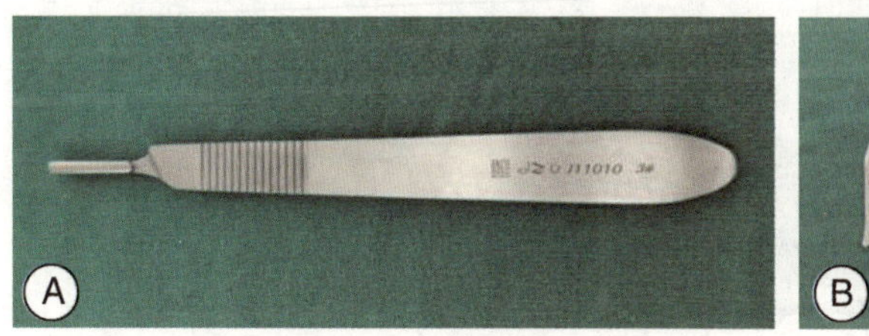

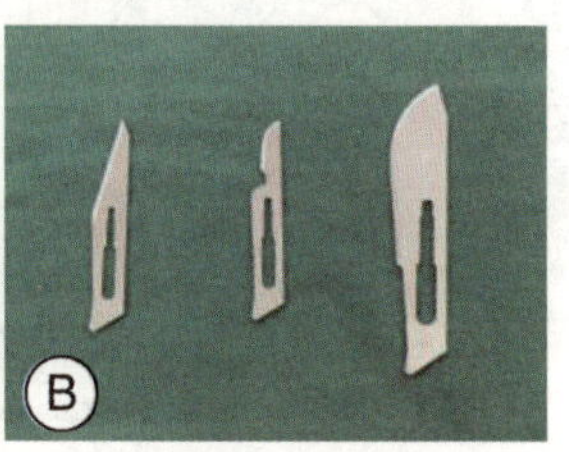

图6－1　手术刀刀柄（A）和刀片（B）的形态

刀片的装卸方法为：以持针器夹持刀片前端背部，刀片的缺口对准刀柄前端的刀楞，稍用力向刀柄尾部方向推动直至刀片与刀柄卡住不松脱即可（图6－2A）。结束使用后，以持针器夹持刀片尾端背部，稍用力提取刀片向刀柄前端方向轻推，即可卸下刀片（图6－2B）。

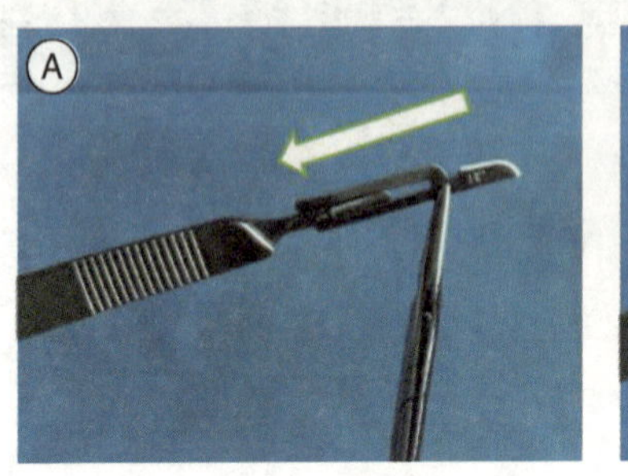

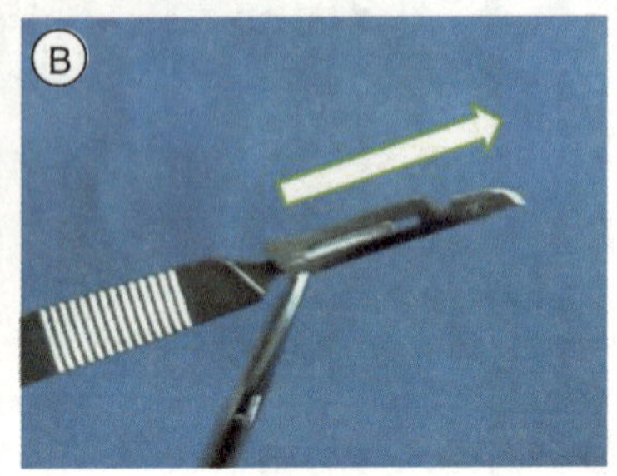

图6－2　装卸刀片

手术刀的握持方法如图6－3所示。

（1）执弓式为最常用的执刀方式，应用范围广而动作较灵活，主要于腕部发力，用力部位涉及整个上肢。本法适用于长皮肤切口、腹直肌前鞘切开等。

（2）执笔式操作灵活准确，其动作和力量主要在手指，用力较为轻柔。本法适用于短切口及精细操作，如解剖血管、神经等精细组织及切开腹膜等。

（3）握持式以全手握持刀柄，拇指与示指紧捏刀柄刻痕处。肩关节为此法操作的主要活动力点，特点是控刀较其他方法更稳定。本法适用于切割范围广、组织坚厚或需要用力较大的组织切开，如截肢、肌腱切开等。

（4）反挑式系执笔式的一种，握持时使刀刃向上，可做挑割动作，以避免损伤深部组织。操作时先以刀尖刺入，以手指为活动力点。本法适用于切开脓肿、刺破胆总管等空腔脏器、切断钳夹的组织或扩大皮肤切口等。

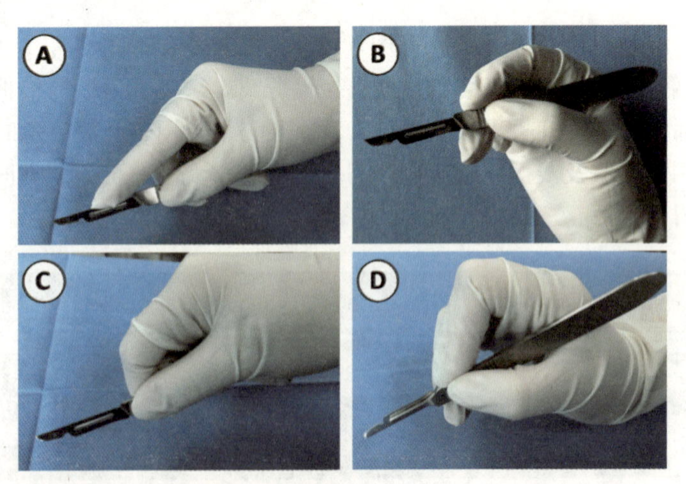

A：执弓式；B：执笔式；C：握持式；D：反挑式。

图6－3　持刀手法

手术刀的传递方法如图6－4所示。为避免造成伤害，在传递手术刀时，传投者应握住刀柄与刀片衔接处的背部，将刀柄尾端送至手术者的手里，不可将刀刃指着术者。

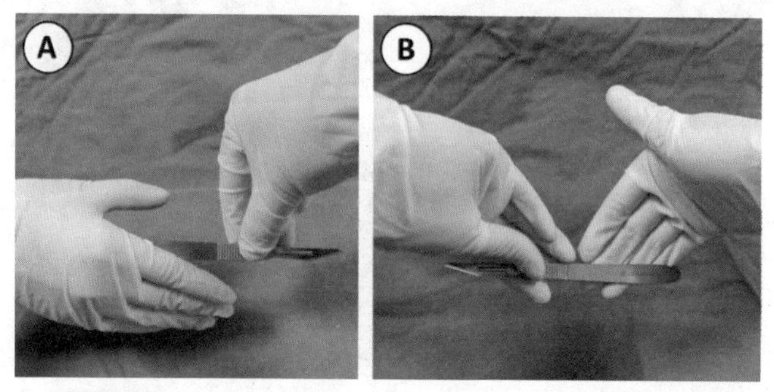

A：对侧传递；B：同侧传递。

图6－4　传递手术刀的手法

二、手术剪

手术剪（图6－5）通常可分为组织剪和线剪两大类，按形状可分为薄剪与普通剪、圆头剪与尖头剪、直剪与弯剪等。组织剪可用于锐性分离、剪开解剖组织，通常直剪用于浅部组织，弯剪用于深部组织。线剪用于剪断缝线、辅料等，多为直剪。

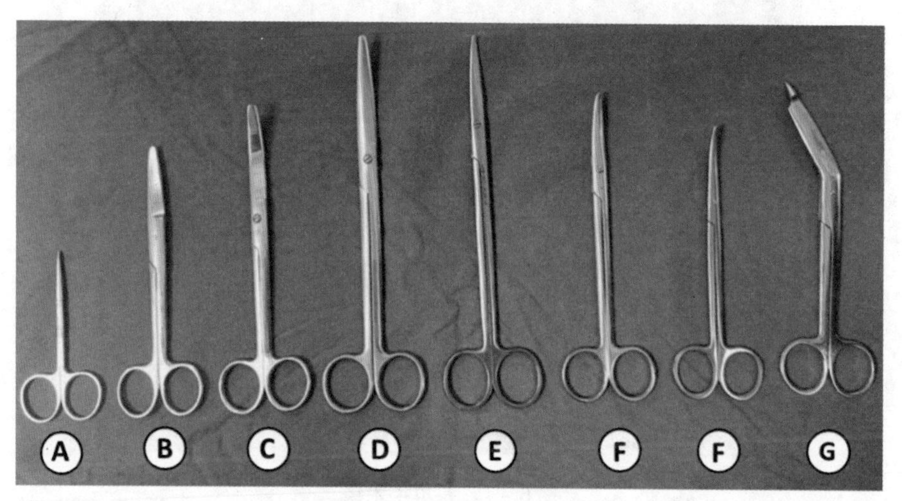

A：眼科剪；B：线剪；C：敷料剪；D：圆头弯组织剪；E：尖头直组织剪；F：尖头弯组织剪；G：子宫剪。

图6－5　各类手术剪

手术剪的握持方式（图6－6）：拇指、无名指分别扣入剪刀柄的两环，中指放在无名指环的剪刀柄上，示指按压在轴节处（起稳定和导向作用）。

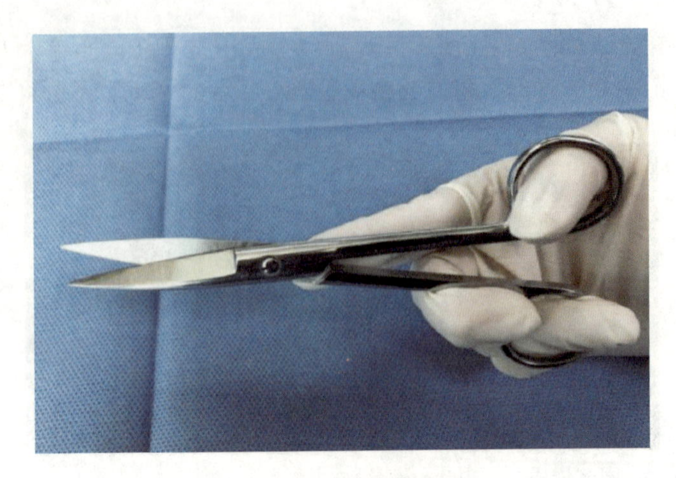

图6－6　手术剪的握持手法

三、手术镊

手术镊（图6－7）常用于夹持或提起组织，以便于解剖、分离及缝合，也可用于夹持缝针和敷料等。手术镊按照长和短、有齿和无齿进行分类，另外还有为专科设计的特殊手术镊。

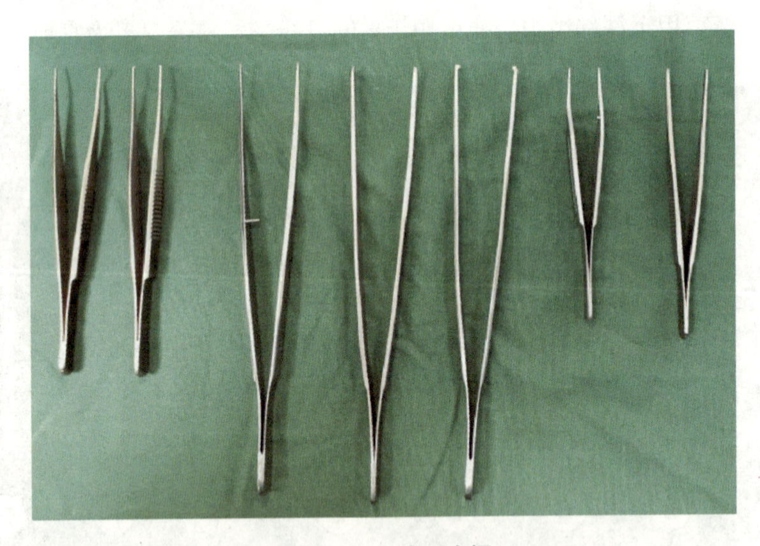

图6－7　各类手术镊

（1）有齿镊（teeth forceps）：又称为组织镊，其尖端有齿，齿又分为粗齿与细齿。粗齿镊用于夹持较硬的组织，损伤性较大；细齿镊用于精细手术，如肌腱缝合、整形手术等，因其尖端有钩齿，故夹持牢固，但对组织有一定损伤。

（2）无齿镊（smooth forceps）：又称为平镊，其尖端无齿，常用于夹持脆弱组织、脏器和敷料。进行浅部操作时常用短镊，进行深部操作时常用长镊，尖头平镊因对组织损伤较轻，常用于血管、神经手术。

正确的持镊姿势（图6-8）：拇指与示指和中指相对，三指共同持镊，握持于手术镊的中上部。

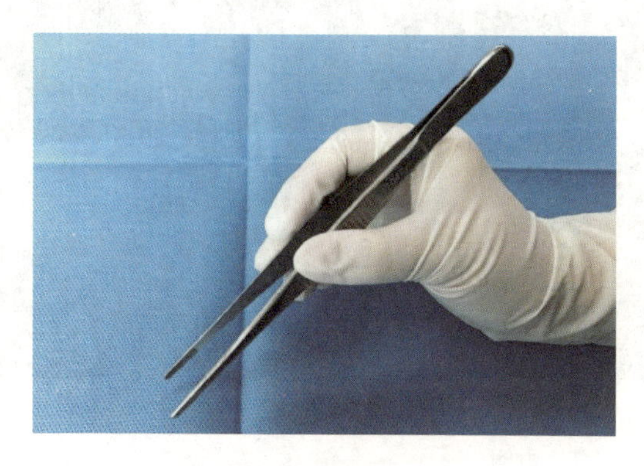

图6-8　镊子握持手法

四、手术缝针

缝针（图6-9）用于缝合各种组织，由针尖、针体、针眼三部分组成。其按针尖形状，可分为圆针、三角针；按针体弧度，可分为直针、1/2 弧度针、3/8 弧度针。

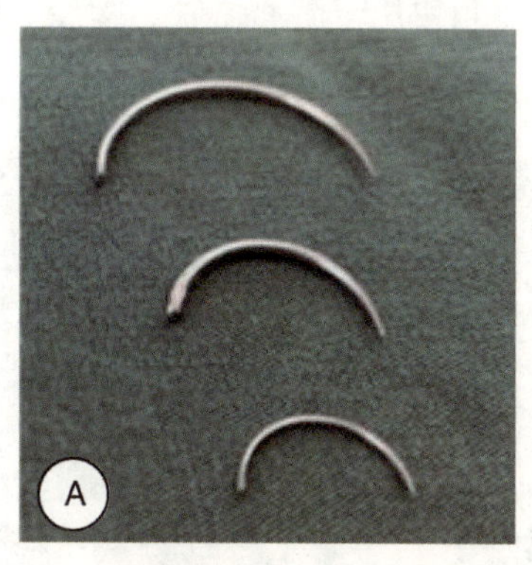

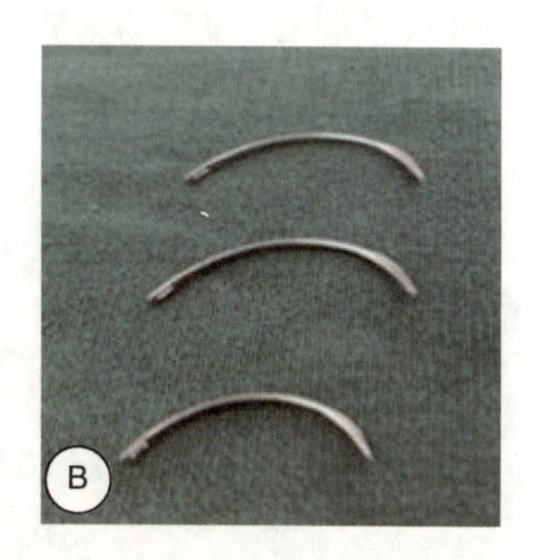

A：圆针；B：三角针。

图6-9　圆针与三角针

（1）圆针：根据弧度不同，可分为1/2 弧度针、3/8 弧度针等，弧度大者多用于深部组织及软组织。

（2）三角针：前半部为三棱形，较锋利，用于缝合皮肤、软骨、韧带等坚韧组织，损伤性较大。

五、手术钳

外科手术中使用的钳类钳柄处均有扣锁钳的齿槽，可牢固钳夹组织、敷料、缝线等物品，包括各式血管钳、巾钳、持针钳、肠钳等。各类手术钳如图6-10所示。

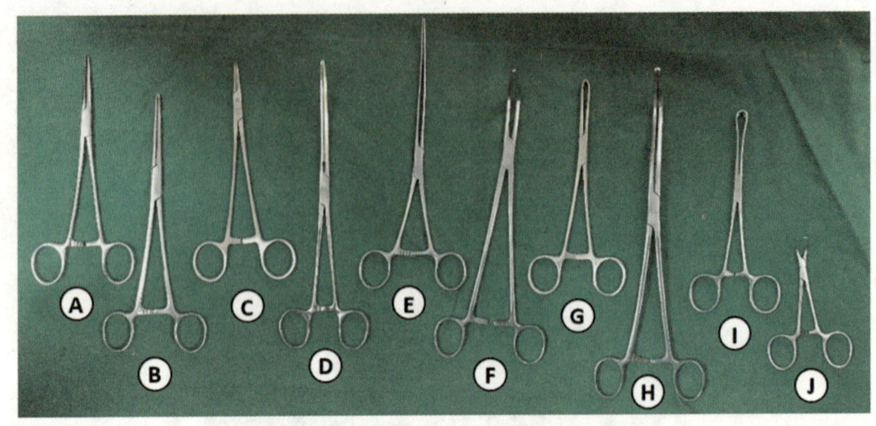

A：直血管钳；B：直有齿钳；C：弯血管钳；D：血管阻断钳；E：肠钳；F：梅氏钳；G：组织钳；H：肾蒂钳；I：阑尾钳；J：巾钳。

图6－10　各类手术钳

1）血管钳：主要用于钳夹出血点，故又名止血钳；亦可用于钝性分离、夹持组织、牵引缝线、拔出缝针或代镊使用。血管钳种类较多，其特点是前端平滑无齿，可避免损伤钳夹组织。按齿槽床的不同，其可分为弯血管钳（图6－11）、直血管钳（图6－12）、直角钳（图6－13）等。弯血管钳用于分离、钳夹组织或血管止血，以及协助缝合。直血管钳用于皮下组织止血、协助拔针。直角钳用于游离血管、神经、输尿管、胆道等组织。

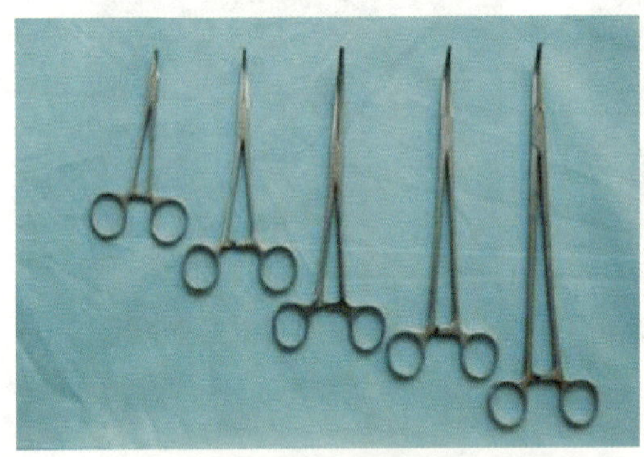

图6－11　弯血管钳

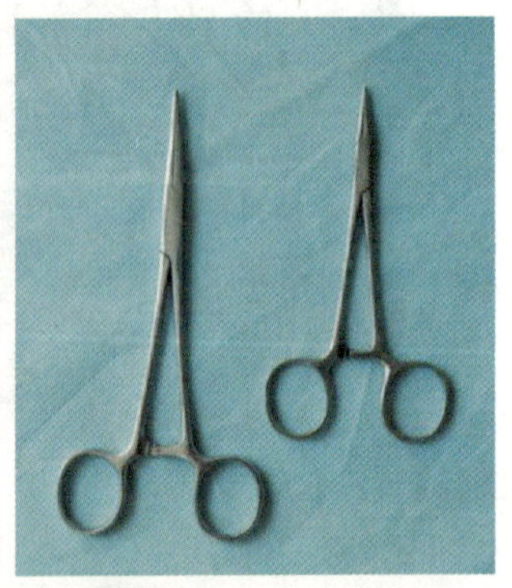

图6－12　直血管钳

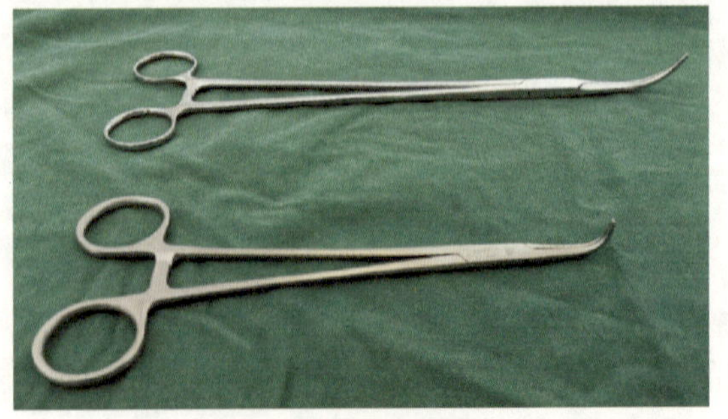

图6－13　直角钳

2）持针钳（图6－14）：又称为持针器，主要用于夹持缝针，亦可用于器械打结。其结构特点为前端齿槽床短、柄长、钳叶内为交叉齿纹，可增加摩擦力，有助于稳定缝针，缝合时可减少缝针滑脱。

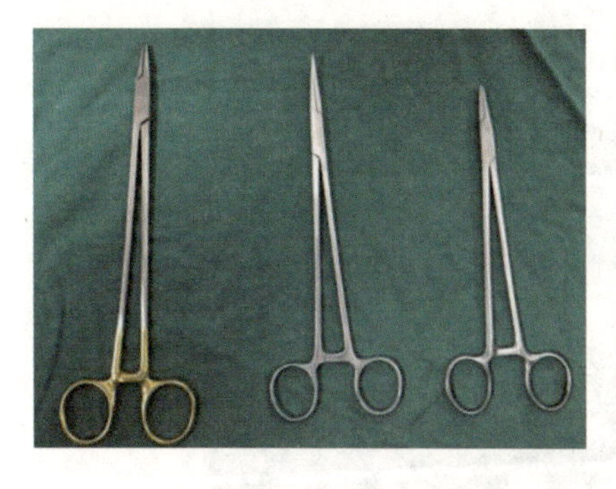
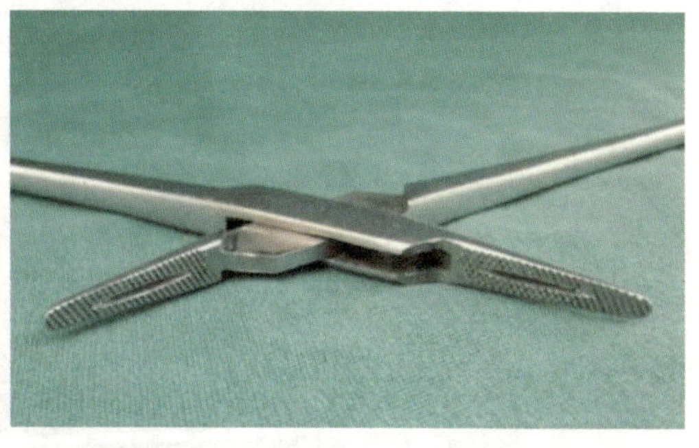

图6－14　持针钳

常用的持针钳抓持法如图6－15所示。

（1）掌握式：以全手掌握持持针钳，大鱼际肌紧贴一侧柄环，中指、无名指、小指压于另一侧柄环上，示指压于轴节附近以稳定钳尖。术者使用时利用旋腕动作运针，较其他抓持方法更灵活；松钳时用大鱼际肌和掌指关节的反向运动松开柄环上的齿扣。

（2）指扣式：此系传统抓持法，将拇指及无名指分别套入钳环内，以手指力量控制持针钳的夹闭与松开。该法的优点在于较好控制持针钳开合的动作范围，但其旋腕灵活度较掌握式稍差。

（3）掌指式：拇指套入一侧钳环内，示指压于轴节附近作支撑引导，中指、无名指、小指压住另一侧钳环使其固定于手掌中，拇指可做上下开合动作，控制持针钳的开合。

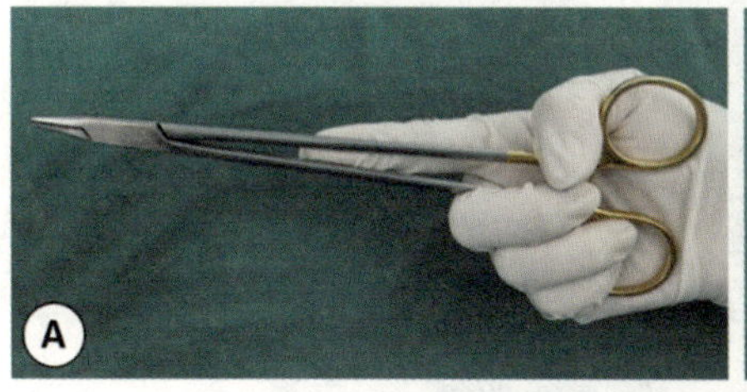

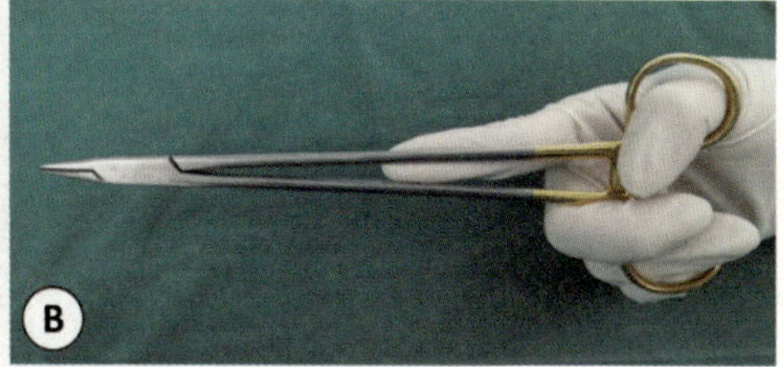

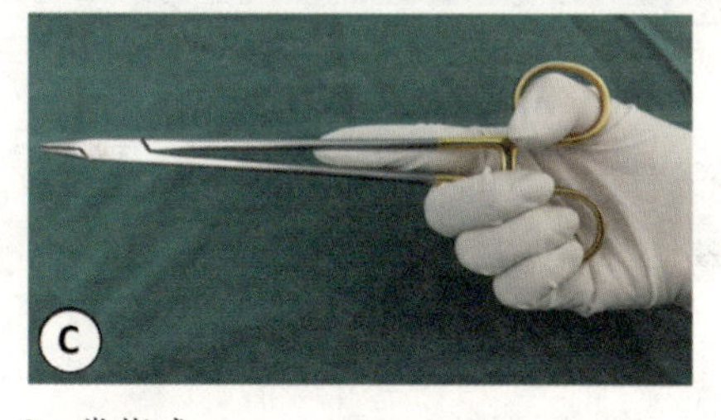

A：掌握式；B：指扣式；C：掌指式。

图6－15　持针钳握持手法

持针钳传递方法（图6-16）：传递时右手持持针钳的中部，将持针钳柄以轻微的拍击动作拍打在术者掌心中；要避免术者同时将持针钳和缝线握住；缝针的尖端朝向手心，针弧朝向手背，缝线搭在手背或用手夹持。

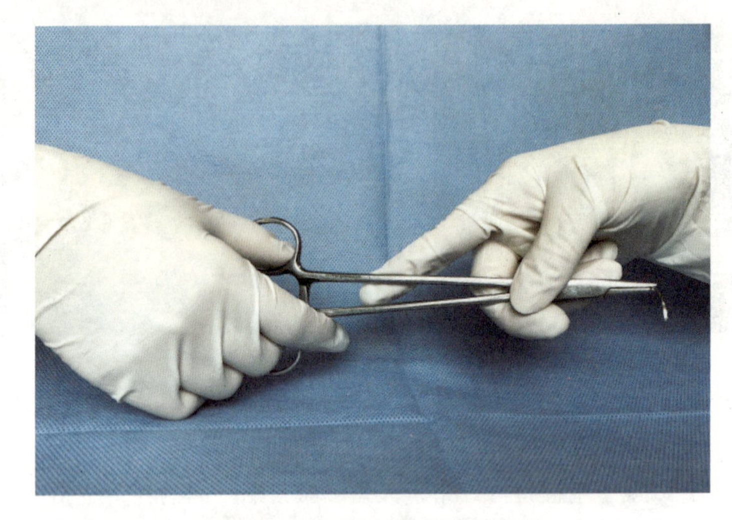

图6-16　持针钳传递手法

3）布巾钳（图6-17）：前端弯且尖，可交叉咬合，主要用于固定手术布巾以防术中布巾移动或松脱，或可用以夹住皮肤做提拉动作。

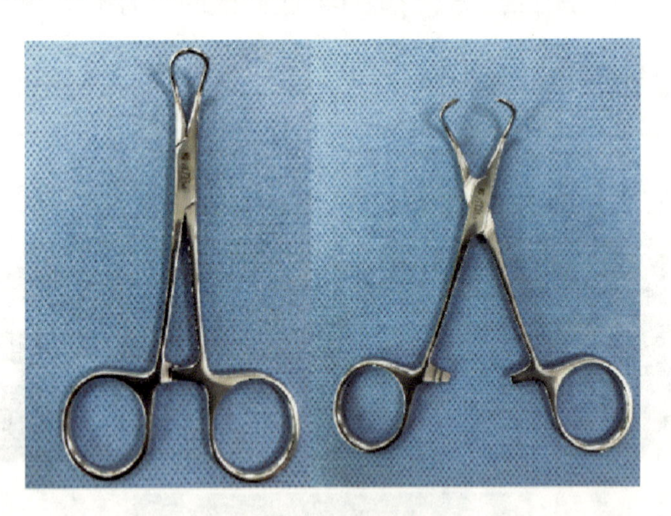

图6-17　布巾钳

4）组织钳（图6-18）：又名 Allis 钳，其前端为一排细齿，闭合时相互嵌合，弹性好，可用以夹持切口边缘皮下组织，或夹持皮瓣、组织作为牵引，亦可用于夹持纱巾垫。

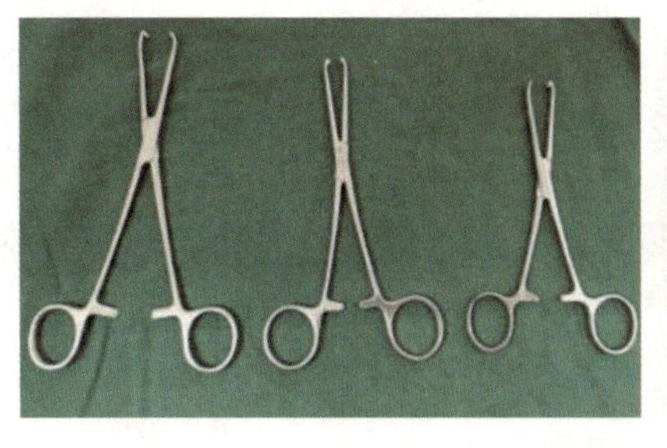
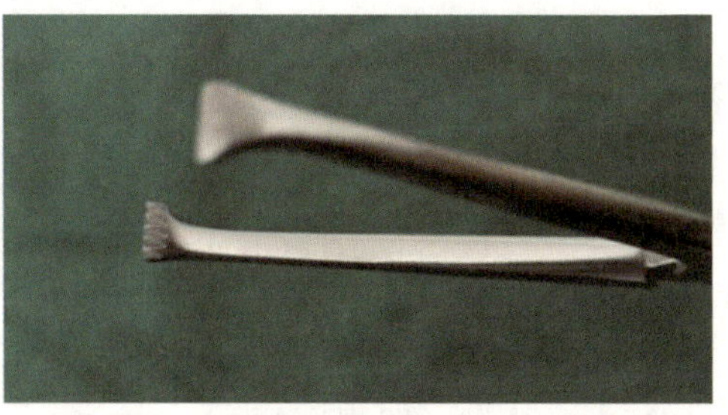

图6－18　组织钳

5）圈钳（图6－19A）：又名卵圆钳、持物钳，前端呈环状，分有齿和无齿两种。有齿圈钳主要用以夹持、传递已消毒的棉球、敷料、器械、引流管等，亦可用于夹持敷料做术区皮肤消毒，或可用于暴露深部失血术野及协助止血；无齿圈钳主要用于夹提肠管等脏器组织。

6）肠钳（图6－19B）：分为直、弯两种，钳叶扁平且有弹性，无齿，咬合面有细纹，轻夹时钳叶间留有一定缝隙，钳夹时的损伤作用小，可用于暂时防止胃肠内容物流出。

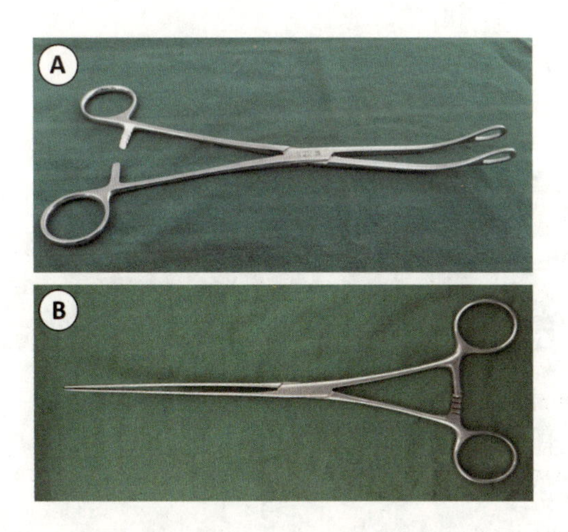

A：圈钳；B：肠钳。

图6－19　圈钳与肠钳

手术钳及手术剪的传递方法如图6－20所示。

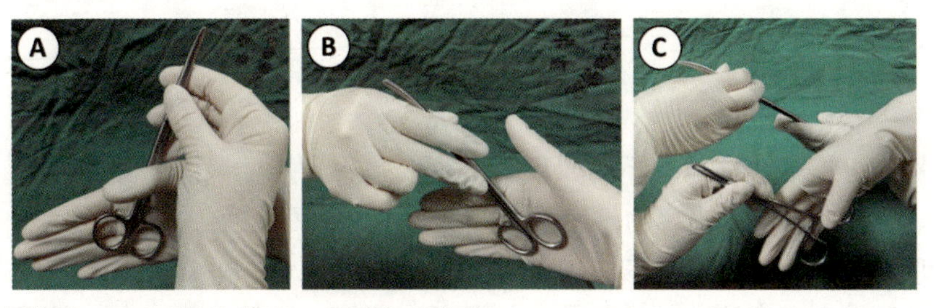

A：同侧传递；B：对侧传递；C：双手交叉传递。

图6－20　手术钳、剪传递手法

五、牵引钩

牵引钩又称为拉钩，主要用于显露术野，以便于术者的探查及操作。拉钩有以下几种（图6－21）。

（1）甲状腺拉钩形为平钩状，常用于甲状腺部位的牵拉暴露，也常用于腹部手术做腹壁切开时的皮肤、肌肉牵拉。

（2）皮肤拉钩又称为爪形拉钩，形为耙状，常用于浅部手术切口的皮肤牵开。

（3）腹壁拉钩形为宽大平滑钩状，常用于腹腔较大手术时牵开腹壁。

（4）直角拉钩常用于手术中牵开腹壁及腹腔脏器。

（5）阑尾拉钩常用于阑尾、疝等类型手术中，也可用于其他手术中牵开腹壁。

（6）S 拉钩是一种腹腔深部拉钩，因形如字母“S”而得名。使用时，应注意用纱垫将 S 拉钩和组织隔开，拉力应保持均匀，避免损伤组织，掌握正确的使用方法，以保证手术时持久显露术野。

（7）静脉拉钩常用于手术时牵拉血管。

（8）腹腔自动拉钩是一种自行固定牵开器，于腹腔、盆腔等手术中均可应用。

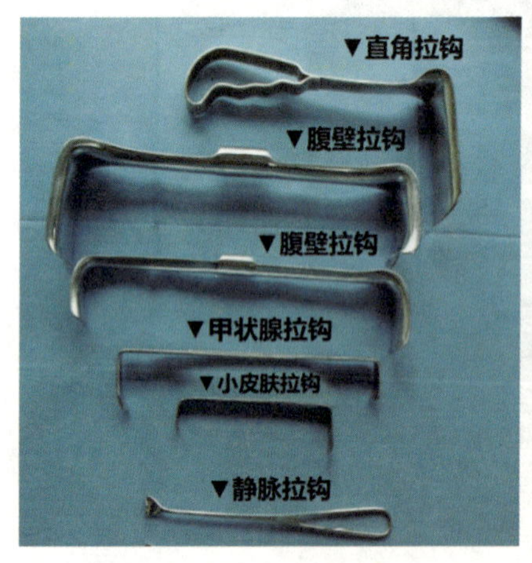

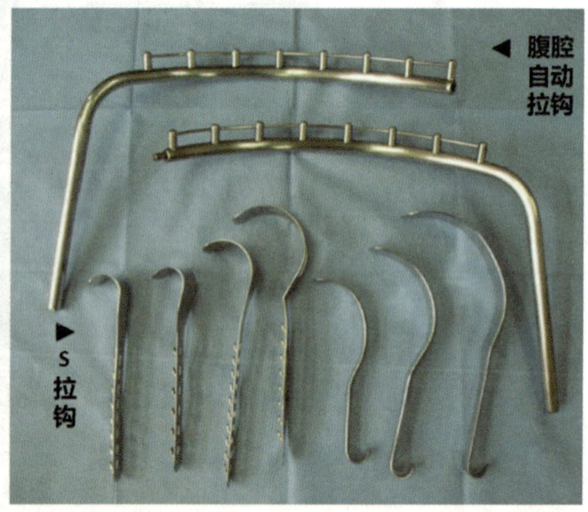

图6－21　各类拉钩

六、吸引器头

吸引器头（图6－22）有不同长度、弯度及口径，用于吸除手术野中出血、渗出物、脓液、空腔脏器中的内容物，使手术野清楚，减少污染机会。吸引器头分单管吸引头（用于吸除手术野的血液及胸腹内液体等）和套管吸引头（主要用于吸除腹腔内的液体，其外套管有多个侧孔及进气孔，可避免大网膜、肠壁等被吸住、堵塞吸引头）；吸引器头还有弯和直之分。

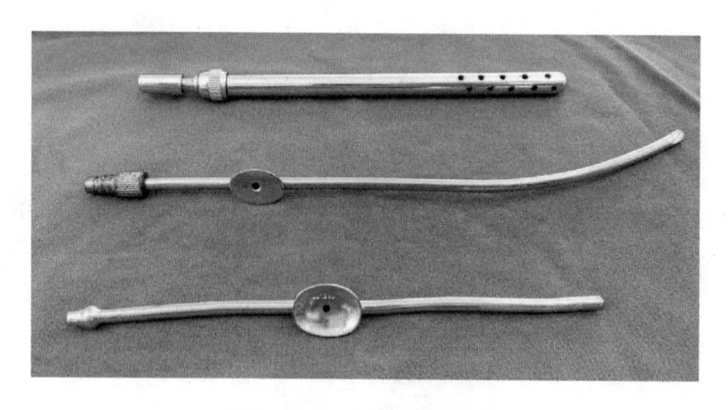

图6－22　各种吸引器头

（梅美恬）

第七章 外科手术缝合打结技术

临床外科手术中经常需要进行缝合及打结的操作，不同的组织、创面需用到不同的缝合打结方法，作为一名临床外科医生，需要熟练掌握。

第一节 线结与打结的技术

一、线结的分类

（1）单结：由单一环结构成，而至少需2个环才能构成真正的结。

（2）方结（平结）：最常用的线结。通过2个方向相反的结组成，打成后不易松脱。适用于小血管或组织结扎，亦可用于缝合后打结。

（3）三重结：外科手术操作中最常用的线结，在方结的基础上再加1个与第2个结方向相反的单结。适用于有张力的组织或重要血管的结扎，此种结牢固可靠。

（4）外科结：在打第1个结时环绕2次，使其摩擦面增大，这样打第2个结时第1个结不易松散，用于组织张力较大的情况下打结。

（5）滑结：打方结拉紧时两手用力不均成角所致，这种结可自行松开，因此不能用于外科手术打结。

（6）顺结（假结）：2个方向相同的结，此结易松脱。

注意：打结时，第1个结的作用是合拢，第2个结的作用是固定。

二、打结的方法

（1）单手打结（图7－1）：用左手或右手打结，简便快捷，外科手术时最常用。

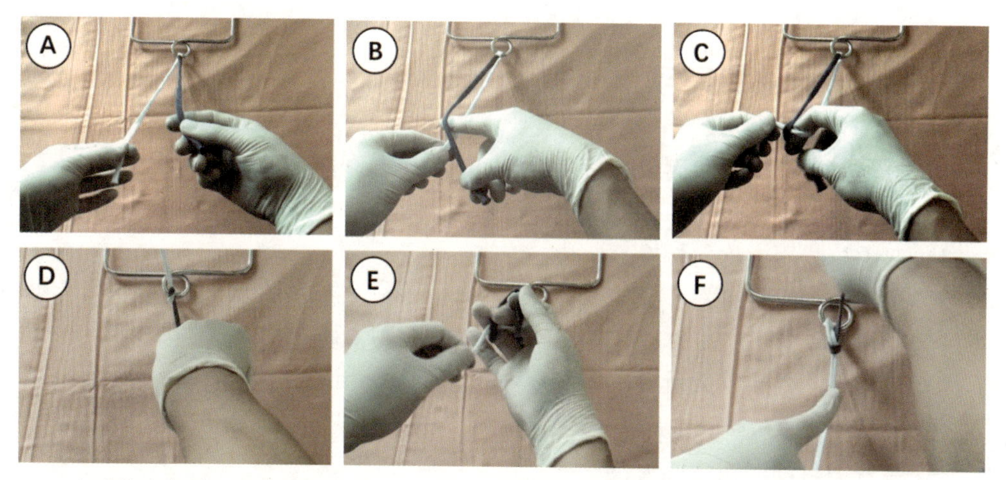

A：左手持白色端，右手持蓝色端；B：使线的两端交叉成环，右手示指抵在交叉处；C：右手示指勾蓝色线尾从环中穿出；D：打第一重结；E：再次交叉成环，右手中指勾蓝色线尾从环中穿出；F：打第二重结，注意线的方向要与第一重结相反。

图7－1　单手打结

（2）双手打结（图7－2）：组织张力较大时结扎较方便。

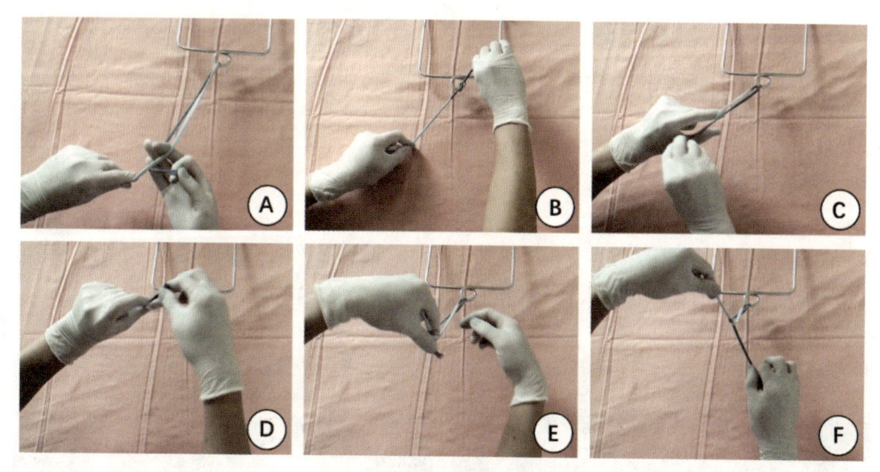

A：右手中指勾线；B：打第一重结；C：保持张力，回撤蓝色线并以左手拇指向前推；D：使蓝线与白线形成环状，右手将线尾递至左手示指；E：旋转左腕关节，左手示指及拇指顺势将蓝色线尾绕过线环；F：右手接过蓝色线尾完成第二重打结，注意线的方向要与第一重结相反。

图7－2　双手打结（张力结）

（3）持钳打结：用于缝线线头较短的情况或深部组织缝合，而用手打结困难或需要节省穿针时间、节省缝线时。另外，术者在缝合张力较大的组织时，因不易扎紧，故须助手协助打结或打外科结以防止松脱。

三、打结的注意事项

（1）打结时，拉线方向应与线结方向相同，否则易在结扣处把线折断。

（2）两线应放平再拉紧，忌成锐角，否则易折断。

（3）双手拉线用力均匀缓慢。

（4）深部打结时，可在线结近端用示指将一侧缝线压向被结扎组织之下，同时另一线与之成直线拉紧，不可上提组织，避免将组织撕裂或线结拉脱。

（5）打第2个结时，不可松开第1个结，必要时助手可用无齿镊或血管钳夹住线结，待第2个线结快拉紧时再松钳。

（6）忌打成滑结或顺结。

（7）剪线时切勿剪断线结，避免误伤周围组织。

第二节 缝合法

良好的缝合技术应能消除皮下组织中的无效腔，使其引起的张力最小化。

一、单纯缝合

（1）单纯间断缝合（图7－3）：单边进针，对边出针，每次单独打结。单纯间断缝合常用于皮肤、皮下组织、腹外斜肌筋膜、肌膜等创缘间张力较小的缝合。

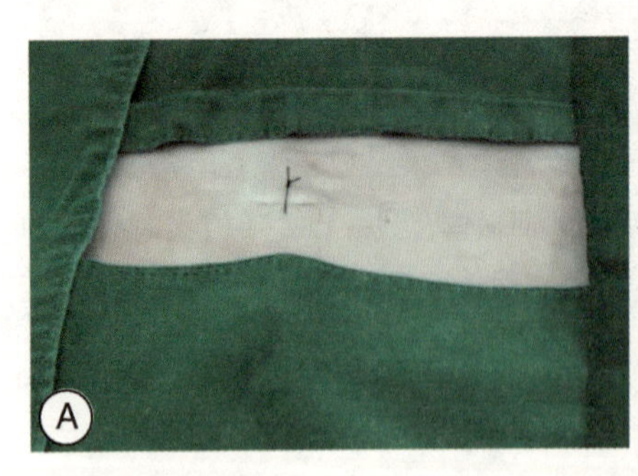

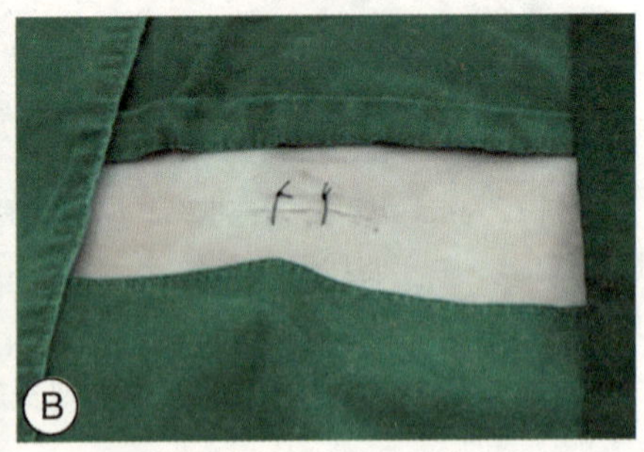

图7－3　单纯间断缝合

（2）“八”字缝合（对角缝合）法（图7－4）：连续2次从同侧创缘进针后打结。“八”字缝合常用于张力较大的腱膜。

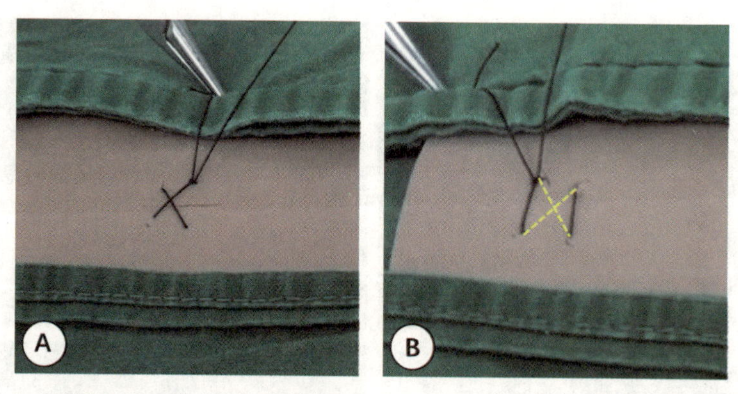

A：外“八”字缝合；B：内“八”字缝合。

图7－4　“八”字缝合法

（3）内翻缝合法：常用于胃肠道缝合，使缝合后的组织边缘内翻入黏膜面，外侧浆膜面光滑，对合良好。其优点是对合的浆膜层愈合能力强，术后减少出现胃肠道漏的情况。具体操作方法可分为水平褥式内翻缝合法（图7－5）和垂直褥式内翻缝合法（图7－6）。

（4）外翻缝合法：常用于血管、腹膜、松弛的皮肤（如腋窝、乳房、阴囊）等处的缝合。此法缝合后可防止边缘内翻而影响组织愈合。具体操作方法可分为垂直褥式外翻缝合法和水平褥式外翻缝合法。

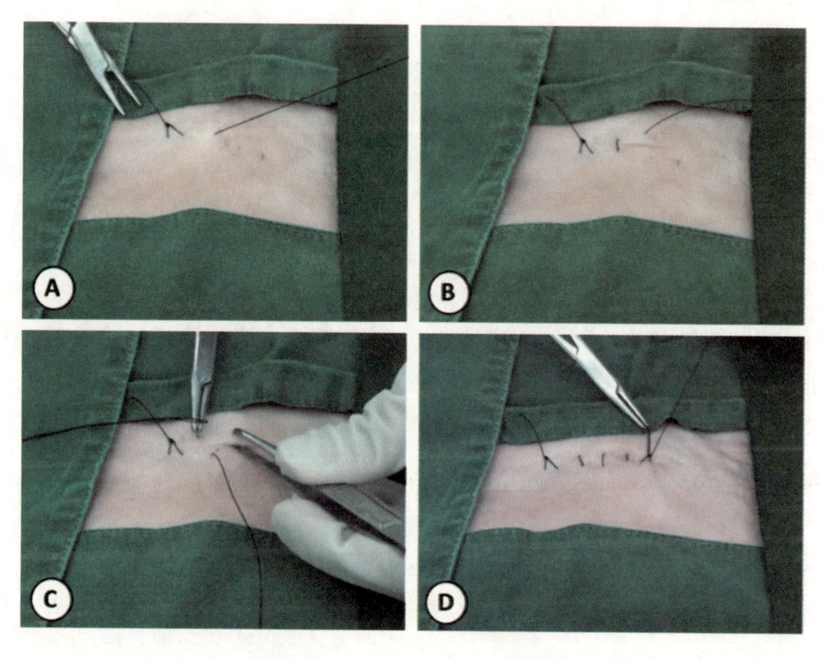

图7－5　水平褥式内翻缝合法

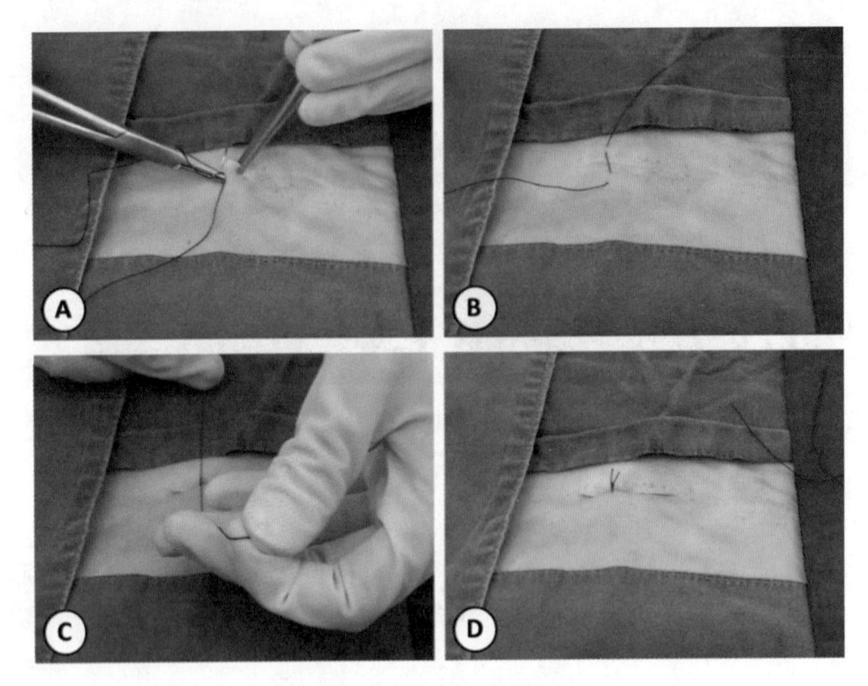

图7－6　垂直褥式内翻缝合法

二、连续缝合

（1）连续皮内缝合（图7－7）：一般使用可吸收缝线，于切口A端打结或锁扣固定后，交替经过两侧切口边缘的皮内穿过。注意，在此过程中，两侧皮肤相对的进或出针点连线应垂直于切口。缝合至切口的B端，完成闭合后，于切口延线上与B端相隔1 cm处的皮下穿出，抽紧。术者既可用残线于皮肤表面自身打结固定；也可以不留线结，将针从残线穿出皮肤处原位穿入皮下，从旁边另一处皮肤穿出，重复3次，使线在皮下以不同方向行走，增加摩擦力，完成埋线；还可以使用非吸收的滑线（如Prolene线）缝合，方法同上所述，于切口两端留线结，待切口愈合后剪掉一端线结，然后抽出整条线。

此缝合方法对口较好，在切口愈合后遗留瘢痕较小，因此常用于美容手术或微创手术的切口缝合，或对美观要求较高的部位（如乳腺、颈部等）的切口缝合，但不适用于张力较大或预计有较多渗血、渗液的切口的缝合。

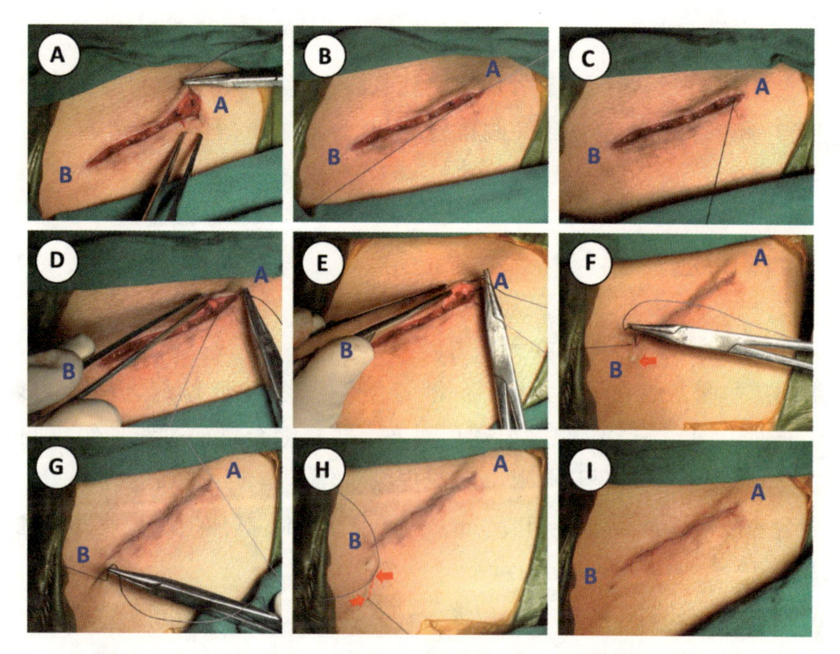

A：起针；B：打结；C：打结完成；D：穿入一侧皮内（由 A 端至 B 端）；E：垂直切口于对侧皮肤入针。交替重复 A～E 所示操作，直至缝至 B 端；F：完成切口闭合，于箭头所示处出针；G：于残线穿出皮肤处进针穿入皮下；H：虚线为皮下走行部分（➡为进针点，➡为出针点）；I：完成缝合，紧贴皮肤剪断残线。

图 7－7　连续皮内缝合

（2）单纯连续缝合（螺旋缝合）：把第一针缝线于伤口一端打外科结，然后如单纯间断缝合一样进出针。在缝合时须保持缝线张力。在穿入最后一针时做成襻状，最后于对侧皮肤出针后，将缝线末端与襻打结。

（3）连续锁边缝合（图 7－8）：在缝合针周围做成单侧环的单纯连续缝合。常用于胃肠道吻合时后壁内翻或游离皮瓣植皮时的边缘固定，止血效果良好。

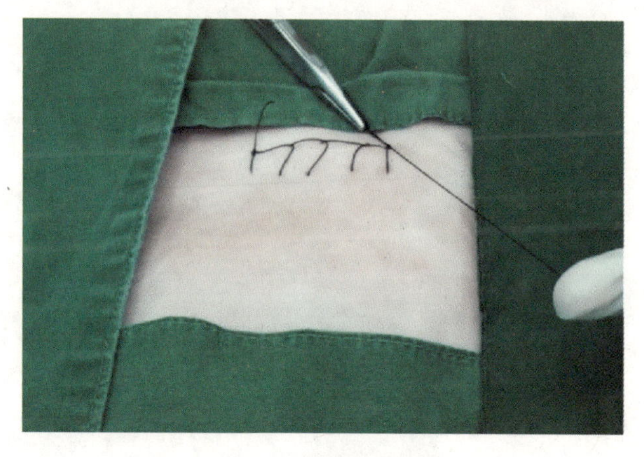

图 7－8　连续锁边缝合

（4）荷包缝合：用于阑尾残端的包埋、胃肠道盲端缝合后两角的包埋、关闭小的胃肠道瘘口、关闭腹股沟斜疝疝囊、固定空腔脏器造瘘等。荷包缝合分为全层荷包缝合（胃肠道造瘘）和浆肌层荷包缝合（阑尾残端包埋）。可于荷包缝合外再行1层荷包缝合以防胃肠道瘘。

三、缝合的注意事项

（1）缝合须整齐，对合严密而无张力。

（2）缝线应尽量减少在体内遗留，间断缝合宜用丝线，连续缝合宜用肠线。

（3）缝合时由深到浅，组织需要逐层对齐。防止缝合过松过浅使组织间有无效腔残留，或过紧过深影响血液循环且肿痛，或皮缘对合不齐导致伤口裂开感染。

（4）缝合一般皮肤针距1.0～1.5 cm，边距0.5 cm，具体情况视皮肤松弛情况及脂肪厚度而调整。

（5）当切口比较长时，可先行定位缝合，有助于伤口对合整齐。

（6）当切口张力较大时，可行减张缝合。

（7）剪线时切勿剪断线结，避免误伤周围组织，丝线一般留1～2 mm长度的线头，在重要的组织或大血管处可适当留长。尼龙线、肠线留3～5 mm，且把线头埋藏于组织内。

（孙浩）

第八章　股静脉置管术

一、目的与要求

（1）训练无菌操作技术。
（2）熟悉股动静脉、股神经的解剖。
（3）熟悉股静脉插管的技术与应用。

二、临床适应证

（1）建立快速输液、输血通道，补充血容量。
（2）提供静脉通道，便于提供肠外营养。
（3）提供途径进行血液透析、血浆置换等血液净化治疗。
（4）建立长期静脉通路，进行给药。

三、临床禁忌证

临床禁忌证包括局部皮肤软组织条件差、术区存在感染灶，患者无法配合，邻近静脉破裂。

四、器械

器械包括手术刀柄、刀片、眼科剪、蚊式血管钳、弯止血钳、手术镊、医用输液管、丝线、缝针、纱布、线剪、组织剪、手术镊、甲状腺拉钩。

五、可能损伤的重要结构

可能损伤的重要结构包括股动脉、股神经（位于股骨内侧）。

六、操作要点

操作要点：寻找股动脉搏动明显处，做纵行切口时避免损伤股神经及股动静脉，逐层分离，游离股静脉的长度以2～3 cm为宜。

七、操作步骤及方法

（1）备皮（下腹部、会阴部、大腿备皮，可连同其他操作一同消毒）。麻醉成功后取大腿外展、外旋位（足部用绑带牵拉固定）。会阴部以碘伏消毒，其余皮肤以2%碘酊消毒2次，75%乙醇溶液脱碘3次，铺巾。

（2）于犬的下腹外侧与大腿连接处内侧触摸股动脉搏动（图8-1A），了解股动脉大致走行，沿其走行做一纵行切口（图8-1B），切开皮肤及皮下组织层、筋膜、肌肉，避免一次性切开过深导致损伤血管；拨开肌肉后可见暗红色的股静脉和深红色的股动脉隐藏在深筋膜下方。

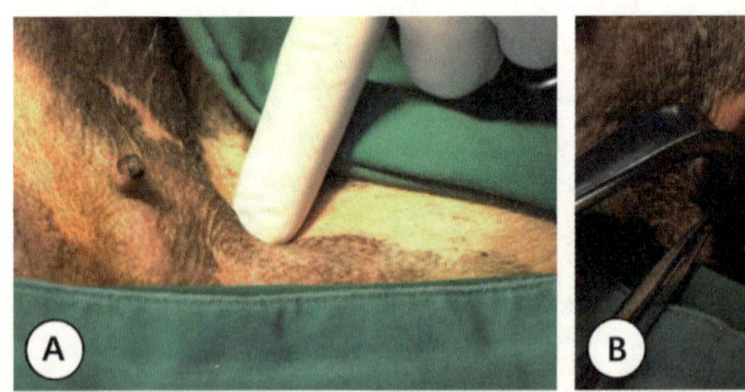

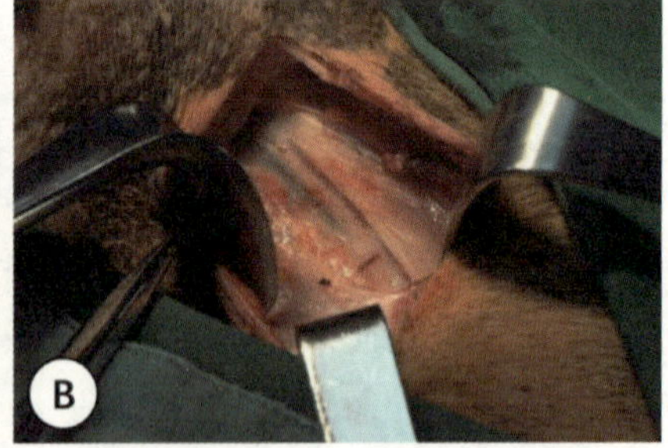

图8-1　扪及股动脉搏动，沿血管走行方向切开

（3）可予蚊式血管钳伸入筋膜层与股静脉表面，将筋膜与股静脉分离并挑起，用组织剪剪开或用手术刀切开，再用弯血管钳将股静脉与周围组织分离，游离出股静脉2～3 cm，以便于进行后续插管操作（图8-2）。

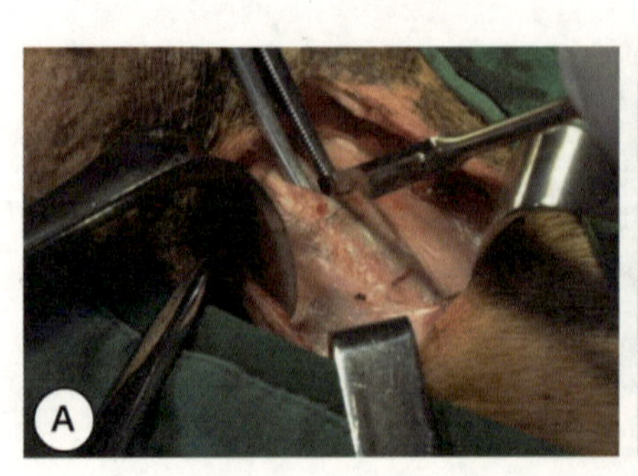

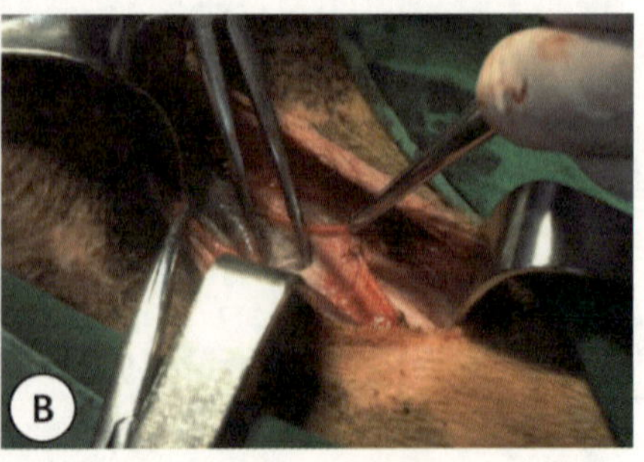

图8-2　逐层分离，暴露股静脉

（4）用血管钳在静脉下方穿过，将股静脉稍挑起，用血管钳钳尖分别将2根丝线由股静脉的近心端及远心端下方穿过，分别引出2根结扎线，松松地打1个单结，此时先不收紧（图8－3）。

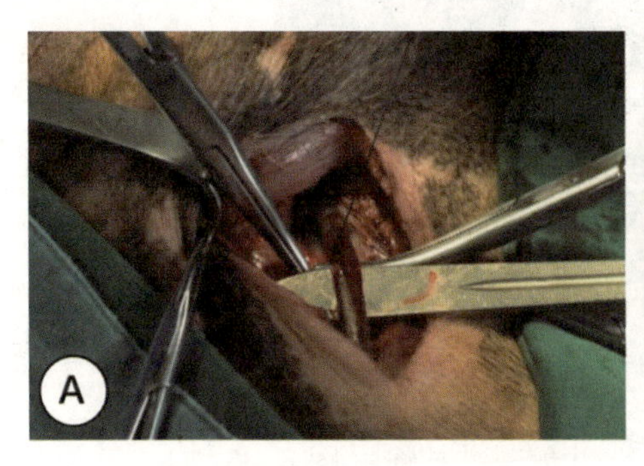

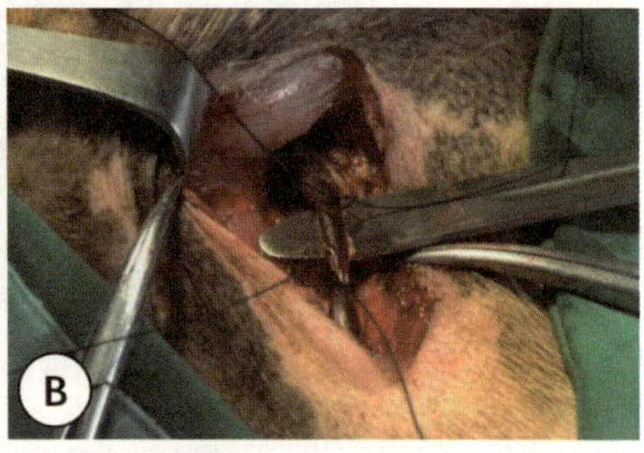

图8－3　于股静脉远端、近端各预1条留丝线

（5）将股静脉的远心端线结收紧后继续打结将股静脉远心端结扎，暂不剪断结扎线，将其作牵引用，近心端丝线暂不结扎。术者选择大小合适的输液管，将管内外的消毒液冲洗干净，连接滴注装置，灌满注射液；将塑料管尖端剪成斜面，但不应太尖。助手牵拉近心侧丝线，术者左手牵拉远心侧丝线，右手用眼科剪在两线间静脉壁斜形剪开一小口（静脉管径的1/3）。操作如图8－4所示。

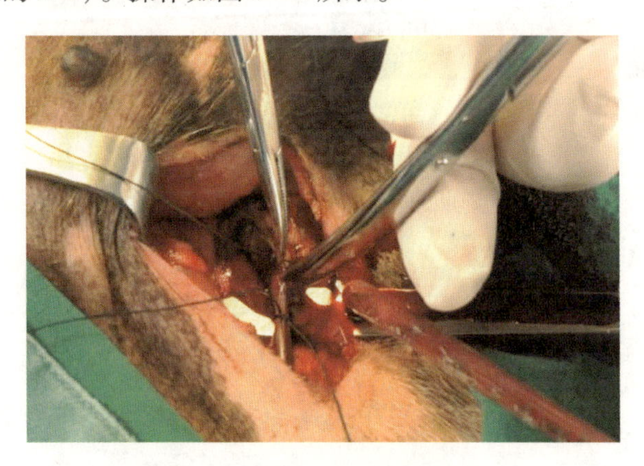

图8－4　结扎远端，剪开静脉壁

（6）术者放下剪刀，拿起医用输液管；在将医用输液管插入静脉时，斜面应朝向静脉后壁，用其尖端对准静脉切口，挑起近侧；在插入塑料管时，助手放松近侧丝线，待塑料管插入约5 cm后，当液体进入静脉通畅时，结扎近侧丝线，防止漏液和滑脱，剪断两结扎线（图8－5）。

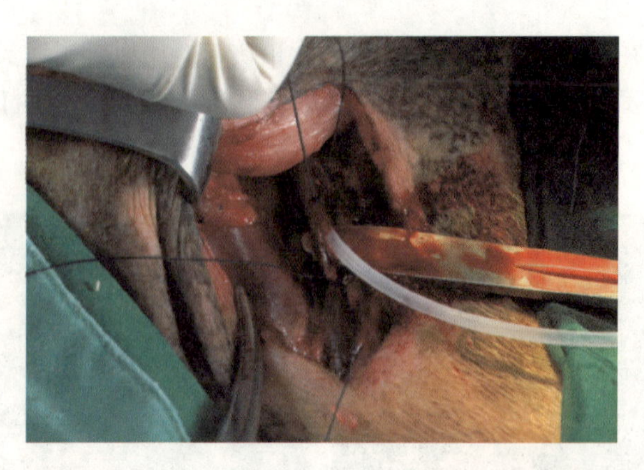

图 8-5　置入输液管，近端丝线结扎固定输液管

（7）缝合：利用缝线，结扎固定塑料管，并剪断结扎线（图 8-6）。

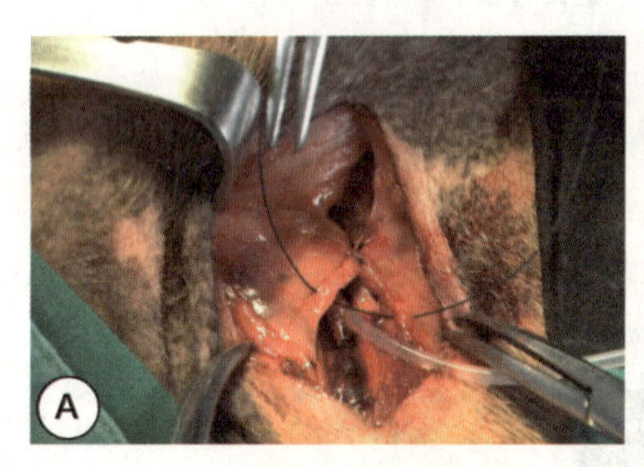

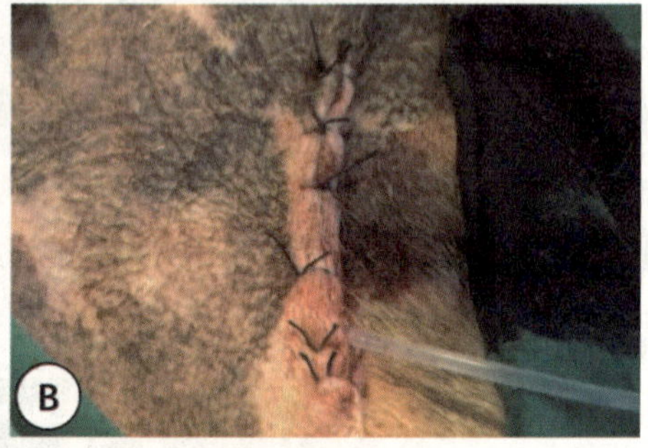

图 8-6　逐层缝合

（8）冲洗术野，缝合股外侧肌肌膜，缝合深筋膜、皮下脂肪层、皮肤，以无菌敷料覆盖和包扎。

（蔡志清）

第九章　气管切开术

气管切开术（tracheotomy）是在颈部切开气管，置入气管套管，保持呼吸通畅的常见手术，是呼吸道梗阻急救的常用抢救技能。

一、目的与要求

（1）掌握急救手术一般原则。
（2）熟悉气管切开术的操作方法。
（3）熟悉气道管理的一般原则。

二、临床适应证

（1）上呼吸道梗阻急救：因异物、创伤、肿瘤、超敏反应、肿胀或喉麻痹导致的上呼吸道梗阻抢救。
（2）行鼻、口腔、咽部、喉部、颈部大手术的辅助操作：维持呼吸道通畅。

三、临床禁忌证

临床禁忌证包括严重出血性疾病，气管切开部位以下的占位性病变引起的呼吸道梗阻，气管横断且远端缩入纵隔，咽部骨折或有明显的环状软骨损伤。

四、器械

器械包括卵圆钳，布巾钳，组织钳，手术刀、剪、镊，甲状腺拉钩，直式、弯式血管钳，缝针，丝线，纱布。

五、解剖重要结构

（1）犬：颈部组织结构接近人类，但也存在差别。其颈部软组织较人类薄，气管前肌群欠发达。甲状腺位于气管中段两侧，峡部常缺如。颈段气管由40～50个“C”形气管软骨环组成，软骨环缺口朝后，后壁为膜性壁，由平滑肌和结缔组织构成。气管后方毗邻结构为食管前壁。

（2）人：成人颈段气管有7～11个气管软骨环，90%以上存在甲状腺峡部，峡部可位于1～5气管软骨环平面。峡部上方有两侧甲状腺上动脉组成的动脉弓，峡部下方气管前方有甲状腺下静脉。

六、可能损伤的重要结构

（1）犬：甲状腺、食管前壁。

（2）人：甲状腺上动脉组成的动脉弓、甲状腺下静脉。

七、操作要点

（1）犬：操作过程中钝性分离正中线的胸骨舌骨肌时可能损伤舌骨静脉弓。

（2）人：甲状腺峡部常可作为气管切开定位标志，软骨环切开位置可位于第4、第5环或第5、第6环，不宜低于第7环。切口过低可能损伤无名动脉致大出血，或者置管位置太低，毗邻高位头臂干等大血管引起动脉壁压迫损伤。

八、操作步骤及方法

（1）腹腔注射麻醉。

（2）体位：仰卧位，头颈伸展，头下垫枕，将前肢向尾侧牵拉，固定四肢。

（3）术前准备：非紧急情况下，于颈部腹侧从下颌间隙至胸腔入口处剃毛备皮；紧急情况下，使用氯己定（洗必泰）将毛浸湿分向两侧，进行切开操作，完成置管操作后再行皮肤清理。常规消毒、铺巾。

（4）切口：根据犬的大小实施皮肤切开。术者于胸骨上窝做颈部正中纵行切口（图9－1），长为5～10 cm。

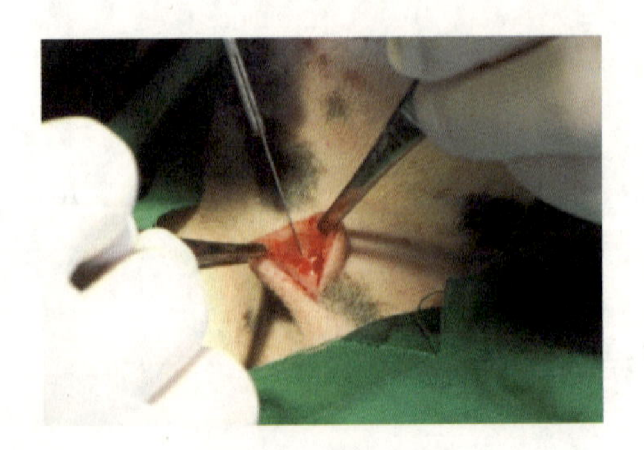

图9－1　正中切口

（5）暴露气管：分离皮下组织及颈部括约肌，沿中线向两侧钝性分离胸骨舌骨肌，甲状腺拉钩外展牵开，显露气管，如图9－2所示。

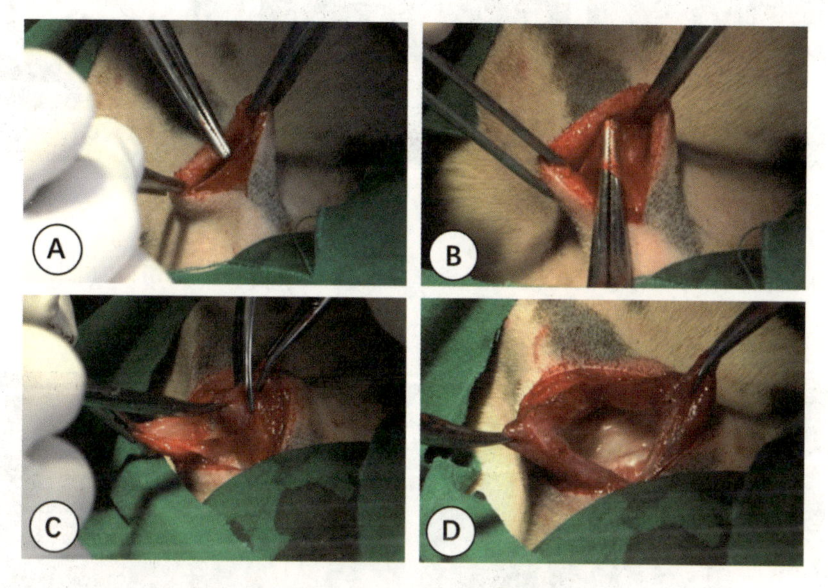

图9－2　逐层分离，暴露气管

（6）切开气管（图9－3）：根据气管切开部位维持时间及犬的大小可做不同形状的切口，包括门扇状、“U”形瓣状或者横行切口。以横行切口为例，术者于3/4或4/5气管软骨环中间切开环状韧带。切口不可超过气管周长的1/2，避免损伤喉返神经。

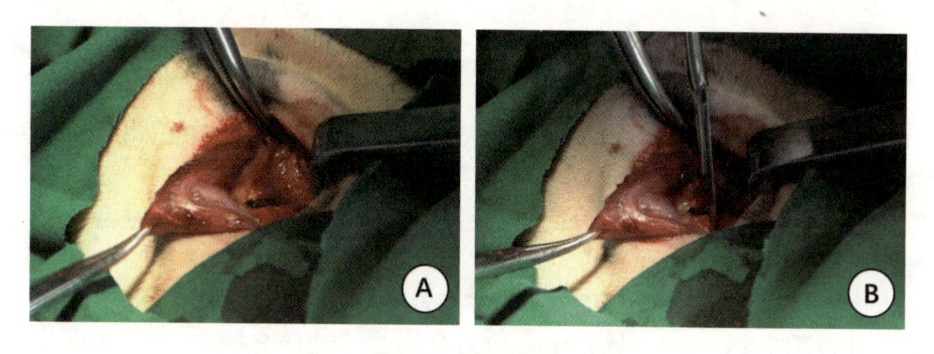

图9－3　切开气管

（7）放置气管套管（图9－4）：于切口上、下用丝线牵开软骨环，暴露气管腔；清除气管内血液或分泌物后，置入合适大小的气管套管，拔除管芯后将套管两侧的固定带绕于颈后打结固定于颈部。

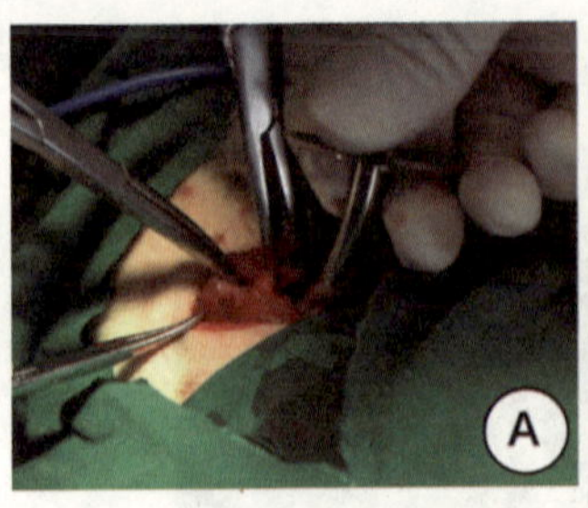
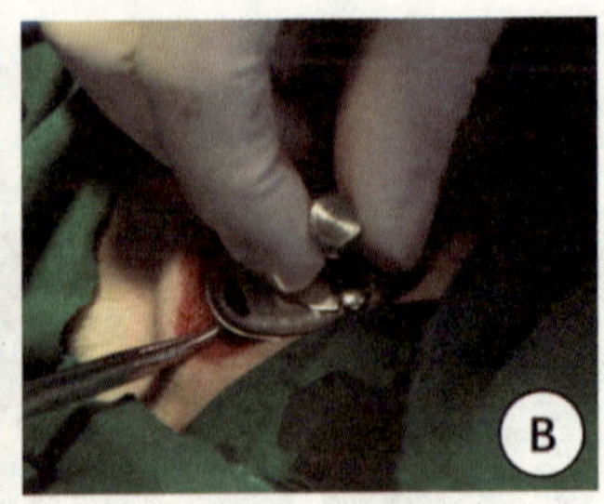
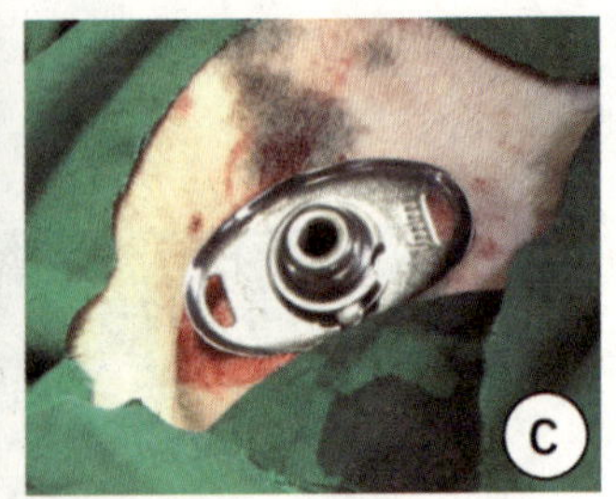

图9-4　放置套管

（8）闭合切口：如切口较长，可于套管上方用丝线缝合部分切口（图9-5）；切口外用无菌纱布覆盖和包扎。

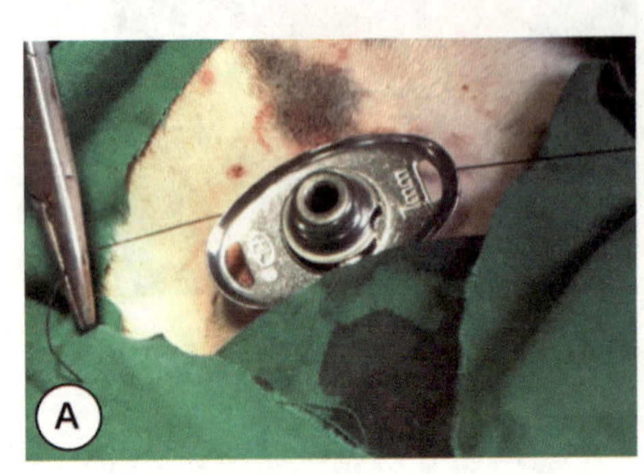
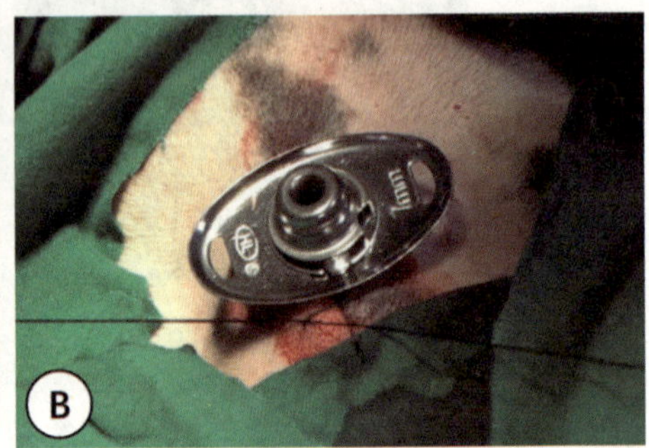

图9-5　皮肤缝线固定套管

九、术后并发症

（1）出血：分离正中线的胸骨舌骨肌时可能损伤舌骨静脉弓导致出血。人类甲状腺下静脉损伤是最常见的出血原因，必要时结扎止血。

（2）皮下气肿及气胸：手术分离组织过深，位置过低，切口缝合过密，可能导致皮下气肿，甚至损伤胸膜导致气胸。

（3）脱管：切口肿胀、套管固定不牢或套管尺寸不匹配等导致气管套管脱出。

（4）其他并发症：窒息、气管坏死、喉麻痹、气管食管瘘等。

（蔡志清）

第十章 胃肠道手术

第一节 开腹术

开腹是腹部手术操作的首要步骤，有多种手术切口可以选用，具体的切口位置、大小及走向需要根据各类不同手术的特殊性及术野显露的需要综合分析而定。本节课程以犬的腹部正中切口为操作练习，术野和切开部位及其大小应该与目标组织器官的位置及其范围相适应。

一、目的与要求

（1）熟悉临床上开腹术的手术步骤及腹壁解剖层次。

（2）熟悉开腹术的适应证。

（3）巩固练习无菌技术和基本操作。

二、临床适应证

临床适应证包括各种胃肠外科、肝胆外科、泌尿外科和妇产科等疾病需要开腹手术的患者（如消化道出血、肿瘤、结石等）；腹部外伤时有内脏损伤（出血、腹膜炎）的伤者。外科医生应掌握开腹探查手术的适应证，只有在患者有明确开腹探查适应证的情况下，才能进行开腹探查手术。

三、器械

器械为刀、镊子、腹部拉钩。

四、解剖要点

腹壁常为腹前壁和侧壁的统称，腹前外侧壁的上界为剑突、肋弓及第 11、第 12 肋的游离缘，下界为耻骨联合、腹股沟及髂嵴，两外侧界为腋后线，与腹后壁相连接。常用的体表标志有剑突、肋弓、腹白线、脐、半月线、髂嵴、耻骨联合和腹股沟韧带等。不同部位的腹壁层次不同，腹前外侧壁层次由浅入深可分为 6 层。

（一）皮肤

腹壁皮肤薄，富有弹性，与皮下组织附着疏松，移动性较大，但正中线、脐环及腹股沟等处皮肤活动度较小。

（二）皮下组织（浅筋膜）

皮下组织由脂肪及疏松结缔组织构成，约在脐平面以下，可分为浅、深两层。浅层为 Camper 筋膜，为富有弹性的纤维筋膜，为脂肪层，向下与大腿的脂肪层相连续；深层为 Scarpa 筋膜，为富有弹力纤维的膜样组织，较坚韧，与深面肌肉相贴；在中线处附着于腹白线，向下于腹股沟韧带下方约一横指处附着于阔筋膜，Scarpa 筋膜在耻骨结节与耻骨联合之间继续下行至阴囊，与会阴浅筋膜（Colles 筋膜）相连。

（三）肌层

腹前壁的肌肉由两侧的扁平肌和中间的腹直肌所组成，各层扁平肌纤维的方向均不相同。扁平肌由浅入深有腹外斜肌、腹内斜肌及腹横肌。三层肌纤维呈交叉排列：腹外斜肌的肌纤维由外上方向前内下方斜行，于内侧近腹直肌外缘处形成一宽而薄的腱膜，越过腹直肌的浅面，止于腹白线。腹内斜肌纤维的方向，斜向上内，与肋间内肌纤维方向一致。在腹直肌外侧缘附近变成腱膜，然后分为两层包裹腹直肌，构成腹直肌鞘。在脐下 4～5 cm 处腹内斜肌及腹横肌的筋膜均移行于腹直肌鞘前层，鞘的后层缺如，形成弓状游离缘，称之为半环线，此线以下部分，腹直肌的后面仅有增厚的腹横筋膜。两侧腹直肌鞘在中线相连处为腹白线。腹白线血管较少。腹横肌最薄，其纤维方向为横行，变成腱膜后行于腹直肌深面，但在脐与耻骨联合的中点以下移行于腹直肌的浅面。腹直肌纤维呈垂直，位于腹白线两侧，被腹直肌鞘所包裹，前面自上而下有 3～4 个横形的腱划，深入肌中，并与腹直肌鞘前层密切愈着（即粘连、粘合）。

（四）腹横筋膜

该筋膜是衬于腹横肌深面的一层筋膜，与腹膜壁层之间有腹膜外脂肪，该层脂肪与腹膜后间隙的疏松结缔组织相连续。

（五）腹膜外脂肪

腹膜外脂肪为充填于腹横筋膜与腹膜壁层之间的脂肪组织，下腹部特别是腹股沟处脂肪组织较多。

（六）腹膜壁层

腹膜壁层为腹壁的最内层，由覆盖脏器表面的腹膜脏层相移行形成，脏、壁两层之间的空隙为腹膜腔，其内有少量浆液。腹膜壁层也较薄。临床上，做腹部手术切口时所称的切开腹膜，指的是将腹膜筋膜、腹膜外脂肪及腹膜壁层切开。

（七）腹前壁的血管和神经

腹前壁的深层动脉有腹壁上、下动脉，进腹直肌鞘后，走行于腹直肌深面或肌内，在脐附近相互吻合。在腹前壁外侧有第 7 至第 11 肋间动脉及肋下动脉和 4 对腰动脉，走行于腹内斜肌与腹横肌之间。腹壁下动脉和腹壁浅动脉的表面投影，相当于腹股沟韧中、内 1/3 交点与脐的连线。腹前壁深静脉与同名动脉伴行。

腹前壁的神经有第 7 至第 11 肋间神经、肋下神经、髂腹下神经及髂腹股沟神经。肋间和肋下神经在腹内斜肌与腹横肌之间斜向前下方走行，至腹直肌外侧缘穿入腹直肌鞘进入腹直肌，穿出腹直肌鞘前层，以前皮支终于皮肤，行经腹壁外侧时，发出外侧皮支，分布于外侧皮肤。相邻的上、下神经间有重叠分布。第 7 肋间神经向前至正中线分布于剑突下，第 10 肋间神经位于脐平面。髂腹下及髂腹股沟神经分布于耻骨上区。作腹部手术切口时，应尽量减少神经损伤，防止术后腹肌发生萎缩，形成切口疝。

五、可能损伤的重要结构

可能损伤的重要结构包括腹壁上、下动静脉，腹前外侧壁的神经等。

六、操作要点

操作要点包括切口绕脐，镊起腹膜再切开避免损伤脏器，探查顺序。

七、操作步骤及方法

（1）拟手术的全腹区域备皮去毛；麻醉后取仰卧位，固定肢体；进行常规的消毒铺巾。

（2）切口。上腹部正中切口是自剑突起沿正中线向下所做的直切口，其长度根据手术需要而定。如切口必须绕过脐部，最好绕其左侧，可避免伤及肝圆韧带。此种切口因切开腹白线后剪开腹膜即进入腹腔，不会伤及肌肉、血管和神经，出血甚少，操作方便。

（3）术者和助手均用四指将皮肤压住，并向切口两侧绷紧，逐层切开皮肤、皮下组织、腹白线及腹膜壁层；切开皮肤时遇到皮下出血点使用电刀电凝止血，若没有电刀则使用止血钳钳夹止血。术者及助手切开皮肤、皮下组织后找到腹白线，将其切开暴露腹膜，夹起腹膜，确认没有夹起脏器组织，用刀切开一小口，然后用止血钳分别钳夹起腹膜，沿两止血钳之间继续用电刀切开腹膜，切勿伤及内脏，各层组织必须彻底止血。开腹的操作步骤如图 10－1 所示。

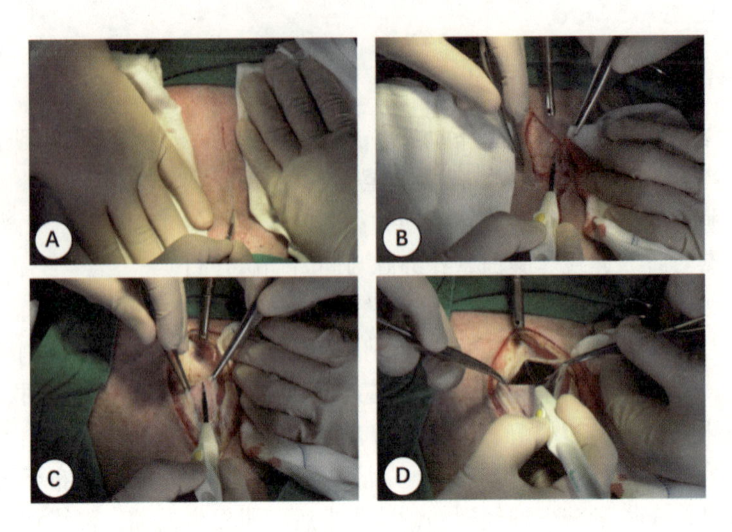

图 10－1　开腹

（4）探查腹腔病变（图 10－2）。在临床上，术者开腹后需要仔细探查腹腔病变情况，然后再决定手术方式。腹腔探查一般是从相对清洁的位置开始，由上至下进行，首先是肝、脾、膈肌、胆囊，再到胃前壁、十二指肠的水平段、空回肠、大肠及其系膜、盆腔脏器，最后再探查胃后壁、胰腺，必要时探查十二指肠的第 2 至第 4 段。如果开腹后发现腹腔有大量血液，或发现游离气体、胃肠内容物，应当根据实际情况优先处理出血及穿孔。

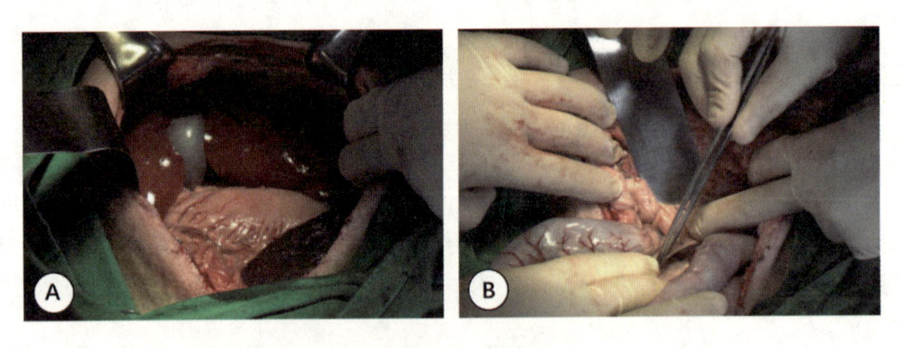

图 10－2　探查

第二节　阑尾切除术

阑尾是呈蚯蚓状的细管状器官，长为 5～10 cm，直径为 0.5～0.6 cm，儿童的阑尾壁薄，成人的较厚。阑尾的位置不一定都在麦氏（McBurney）点，即右髂前上棘和脐连线的中外 1/3 处，而常随盲肠位置变动。阑尾切除术（appendectomy）是切除阑尾病变的一种手术方式，临床上常常用于治疗急性阑尾炎，尽管操作简单，但当遇到复杂病情时，手术也会变得困难。

一、目的与要求

（1）熟悉阑尾切除术的手术步骤及解剖层次。
（2）巩固练习无菌技术和基本操作。

二、临床适应证

（1）除了阑尾周围脓肿外的其他类型急性阑尾炎。
（2）老年人、小儿及妊娠期阑尾炎，症状较明显者。
（3）阑尾脓肿经治疗后好转，但仍有慢性阑尾炎症状者，可择期行阑尾切除术。
（4）反复发作的慢性阑尾炎。
（5）阑尾类癌、周围病变累及阑尾者。

三、临床禁忌证

（1）急性阑尾炎发病已经超过 72 h，局部已经形成炎性包块者，一般不宜施行手术。
（2）已经形成阑尾周围脓肿，经治疗后症状和体征无扩大迹象者。
（3）患者存在严重的全身性器质性疾病，无法耐受麻醉和手术者。

四、器械

器械包括腹部拉钩、直血管钳、电刀、剪刀、持针钳。

五、可能损伤的重要结构

可能损伤的重要结构包括盲肠、回肠、髂血管等周围结构。

六、解剖要点

阑尾位于右髂窝部，外形呈蚯蚓状，长为 5～10 cm，直径为 0.5～0.7 cm。阑尾起于盲肠根部，附于盲肠后内侧壁，是 3 条结肠带的会合点。因此，沿盲肠的 3 条结肠带向顶端追踪即可寻到阑尾根部，这有助于手术中快速找到阑尾。阑尾动脉为回结肠动脉的分支，走行在阑尾系膜游离缘内。阑尾的体表投影约在脐与右髂前上棘连线的中外 1/3 交界处，称为麦氏点（McBurney point）。麦氏点是选择阑尾手术切口的标记点。狗的阑尾与人不同，其比较粗大，如末指头粗。

七、操作要点

（1）因为狗的阑尾系膜很短，所以术中处理阑尾系膜时要紧靠阑尾壁，以防将回肠壁撕裂。

（2）用2%碘酒、75%乙醇溶液、生理盐水涂擦阑尾残端黏膜时，切忌碰擦到其他部位，以防灼伤。

（3）用4号丝线做荷包缝合，收紧荷包缝线时，两手指需均匀用力，以防扯断荷包缝线。

八、操作步骤及方法

（1）拟手术的腹股沟区备皮去毛，麻醉后取仰卧位固定肢体，进行常规的消毒、铺巾。

（2）取腹部正中切口切开皮肤。

（3）寻找阑尾，分离其系膜：顺结肠带往下找到盲肠和阑尾的根部，用有齿皮钳提起阑尾末端，分离结扎阑尾系膜，阑尾血管处用4号线双重结扎，直至使阑尾游离（图10－3）。

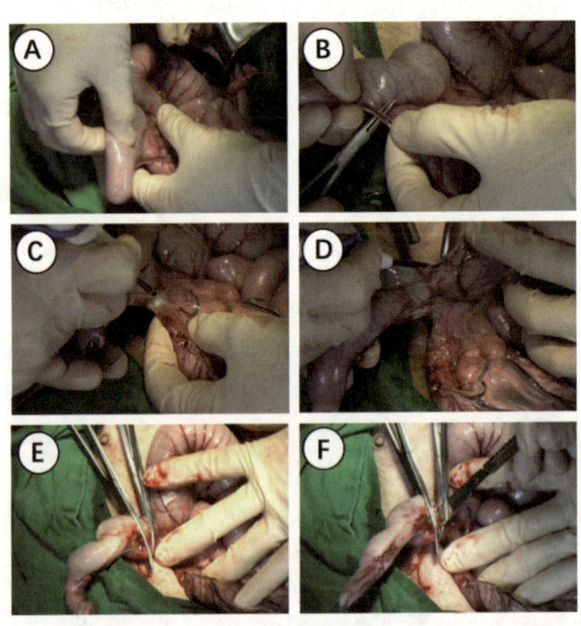

A：找到阑尾；B：结扎阑尾血管；C：分离周围软组织；D：游离阑尾；E：直钳压榨；F：切断阑尾。

图10－3　阑尾切除

（4）荷包缝合：在距阑尾根部0.8～1.0 cm处，做一通过盲肠浆肌层的荷包缝线，暂不收紧。

（5）处理阑尾根部：在离根部0.5 cm远端处以直血管钳压榨阑尾1次，松钳，在压迹处用7号丝线结扎，若根部太宽，则可贯穿缝合结扎；术区周围用纱布保护，距结扎线远端0.5 cm用直钳夹住阑尾，用刀紧贴直钳切断阑尾；残端依次用2%碘酒、75%乙醇溶液、生理盐水棉枝（俗称“三支香”）处理。助手用钳夹住阑尾根部结扎线头，将残端推向盲肠，术者提起荷包在缝合线收紧结扎，将残端埋入盲肠内。如果术者对荷包包埋不满意，再加1～2针浆肌层间断缝合加固包埋（图10－4）。

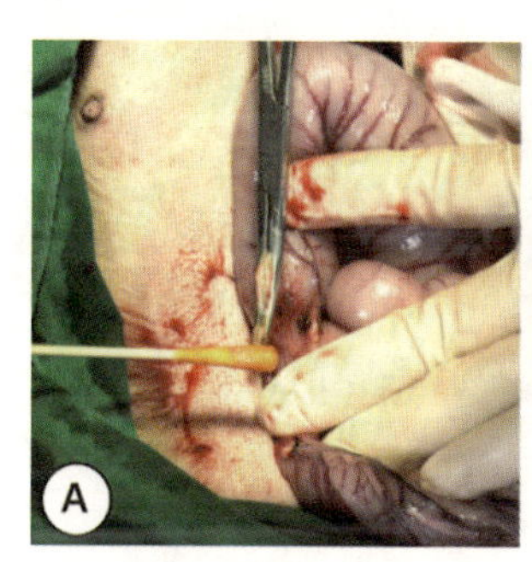

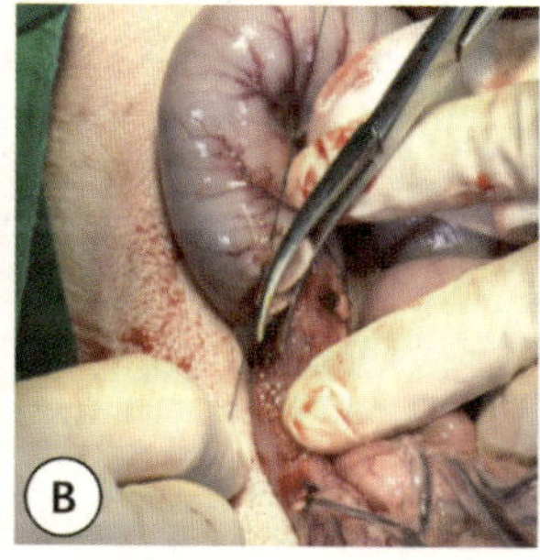

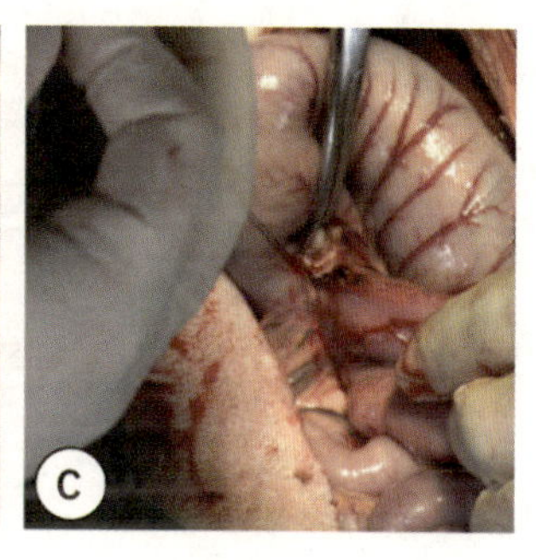

A：消毒残端；B：荷包缝合；C：残端包埋。

图10－4　阑尾残端包埋

（6）检查无出血、腹腔内无异物后按层缝合腹壁切口。

第三节　胃空肠吻合术

一、目的与要求

（1）熟悉胃空肠吻合术的手术步骤及解剖层次。

（2）熟悉胃肠道手术的隔离措施。

（3）巩固练习无菌技术和基本操作。

二、临床适应证

（1）胃窦部肿瘤引起的幽门梗阻，肿瘤固定或广泛转移不能切除者。

（2）胃十二指肠溃疡并发幽门梗阻，病情重且不能耐受胃大部切除术者。

三、临床禁忌证

（1）患者存在严重的全身性器质性疾病，无法耐受麻醉和手术者。

（2）肿瘤种植并腹腔内广泛转移。

四、器械

器械包括腹部拉钩、肠钳、剪刀、持针钳。

五、可能损伤的重要结构

可能损伤的重要结构包括胃周血管（胃网膜血管弓、小肠系膜内血管）。

六、操作要点

操作要点：胃、肠切口的后壁做全层连续交锁缝合，其前壁做全层连续内翻褥式缝合（Connell 缝合），再做一层浆肌层间断缝合。手术切口吻合后须检查吻合口是否通畅。

七、操作步骤及方法

胃空肠吻合的方式有 2 种。

（1）结肠前胃前壁空肠吻合术。该方式具有操作较简便，吻合口可选在较高的位置等优点。因此，在要求尽量缩短手术时间，或幽门部癌做胃空肠吻合要求吻合口的位置较高时，宜选用此种手术方式。但此种手术方式，空肠输入襻须绕过横结肠和大网膜，因此输入襻较长，较易引起输入襻内胆汁、胰液和肠液的潴留，从而产生症状。如空肠输入襻过短，可因横结肠及大网膜的压迫而引起梗阻。

（2）结肠后胃后壁空肠吻合术。该方式具有空肠输入襻较短的优点，但操作较复杂，因此延长手术时间，并且术后发生粘连较多，故不适合需要再次行胃切除手术的病例。当横结肠系膜过短或其上血管过多，不能找到足够大的间隙通过胃空肠吻合处，或胃后壁有较多的粘连时，也不能应用此法。

本实验采用结肠前胃前壁空肠吻合术，具体操作步骤如下：

（1）拟手术的腹股沟区备皮去毛，麻醉后取仰卧位固定肢体，进行常规的消毒、铺巾。

（2）取上腹正中切口进入腹腔。

（3）选定吻合部位（图 10－5）：一般在胃的前壁大弯侧近幽门处低垂部位作吻合，如为胃幽门部肿瘤，吻合口应距肿瘤边缘 3～5 cm。吻合口长约 6 cm。术者将距十二指肠悬韧带（Treitz 韧带）15～20 cm 的空肠，经横结肠前方提到胃前壁的选定吻合处，使空肠的近端对贲门端，远端对幽门端，并以丝线缝合两端进行牵引固定（应使两固定缝线之间胃壁和肠管等长）。

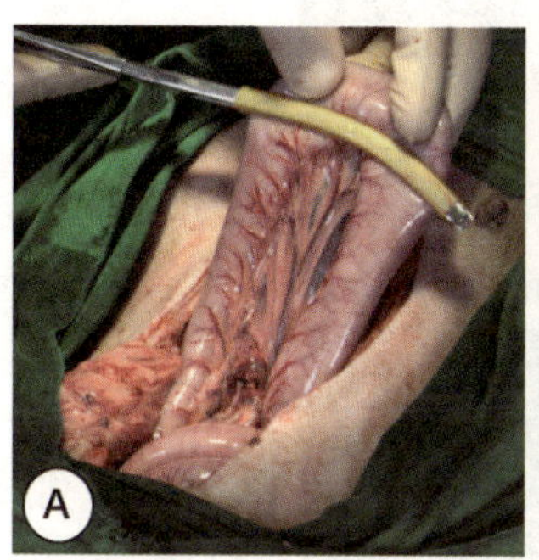

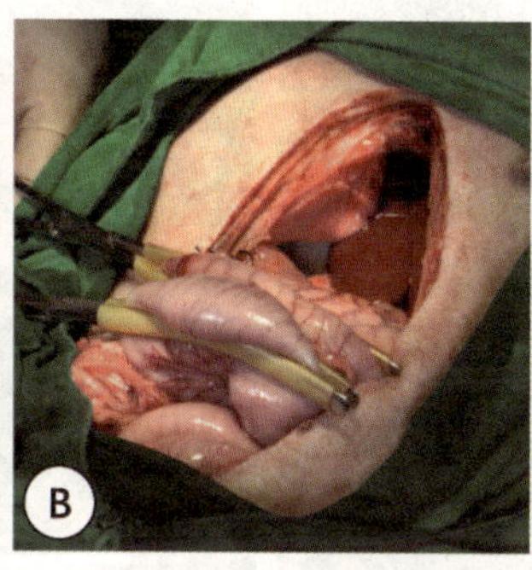

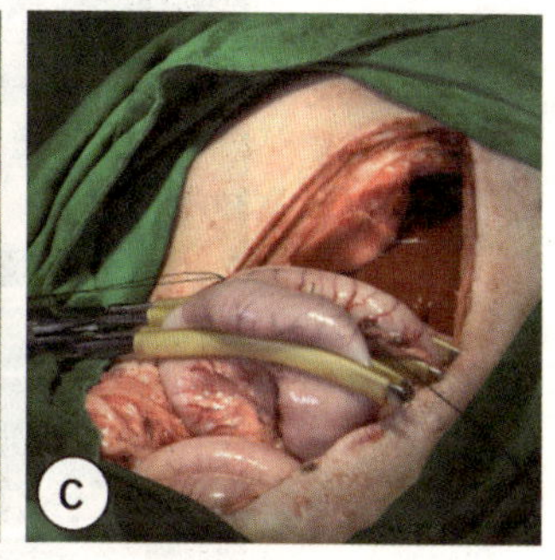

A：选定吻合部位；B：肠管前方与胃前壁相对；C：丝线牵引标记。

图 10－5　选定吻合部位及标记

（4）吻合（图 10－6）：用温盐水纱布妥善遮盖保护周围组织，用 2 把肠钳距吻合处 5～10 cm 轻轻夹住空肠两端及残胃端；将两牵引线间的胃壁和肠壁作浆肌层连续缝合或间断缝合，即吻合口后壁外层缝合；距缝合线 0.5 cm 与其平行并等长先后切开胃壁及空肠壁，结扎出血点；切开胃壁时，宜先切开浆肌层，缝扎黏膜下血管，然后切开黏膜，以防出血过多；胃、肠切口的后壁自一端起至另一端做全层连续交锁缝合；将胃、肠切口的前壁自一端起至另一端做全层连续内翻褥式缝合（Connell 缝合）；去除肠钳，将胃和空肠前壁再作一层浆肌层间断缝合。

（5）检查吻合口：若吻合口能通过三横指，输出口及输入口能通过一拇指，即为吻合口通畅。

（6）将胃肠放回腹腔，检查术野无渗血，清点器械敷料等物品完整无缺，逐层缝合腹壁切口。

（7）结肠后胃空肠吻合术：结肠后胃空肠吻合与结肠前胃空肠吻合的方法基本相同，但须在横结肠系膜上、结肠中动脉的左侧，选择一无血管区，将横结肠系膜剪开长为 5～6 cm 的裂隙；自此裂隙显露胃壁，选定好胃壁及空肠吻合部位，一般空肠输入襻长约 10 cm，胃壁的吻合处在胃大弯侧的低垂位置；胃空肠吻合口缝合完毕后，将横结肠系膜裂隙的边缘用细丝线缝合固定于距吻合口约 1 cm 的胃壁浆肌层上。

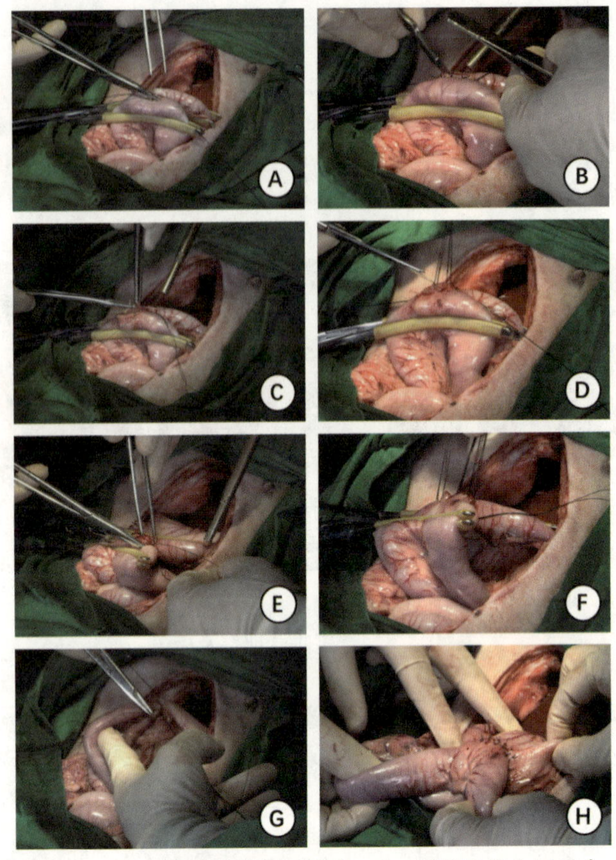

A：胃肠后壁浆肌层缝合；B：胃肠后壁浆肌层缝合；C：胃肠后壁全层缝合；D：胃肠后壁全层缝合；E：胃肠前壁全层内翻缝合；F：胃肠前壁全层内翻缝合；G：胃肠前壁浆肌层加固；H：吻合完毕。

图10－6 胃空肠吻合

第四节 小肠切除端端吻合术

一、目的与要求

（1）巩固无菌操作技术。

（2）熟悉小肠切除端端吻合术的手术步骤及解剖层次。

二、临床适应证

临床适应证包括外伤所致小肠广泛创伤，各种原因引起的小肠肠管坏死（如绞窄性疝、肠扭转、肠套叠、系膜血管栓塞、肠系膜外伤等)，伤寒、结核所致多发性穿孔，梗阻性局限性回肠炎，小肠肿瘤，复杂性肠瘘；等等。

三、临床禁忌证

患者存在严重的全身性器质性疾病，无法耐受麻醉和手术。

四、器械

器械包括腹部拉钩、Kocher 钳、肠钳、剪刀、持针钳。

五、解剖要点

小肠既是消化管中最长的一段，也是营养物质消化与吸收的重要场所。小肠上端续于胃的幽门。下端与盲肠相接，成人小肠全长 5～6 m，小肠盘曲于腹腔中、下部，分为十二指肠、空肠和回肠三部分。十二指肠是小肠的起始部，长约 25 cm，位置较为固定，呈“C”形弯曲包绕胰头。十二指肠和空肠交界处形成十二指肠空肠曲，它位于横结肠系膜根部、第 2 腰椎左侧，并以十二指肠悬韧带［suspensory ligament of duodenum，又称为屈氏韧带（ligament of Treitz）］固定。此韧带是区分十二指肠与空肠的重要标志。空肠与回肠位于横结肠下区，完全由腹膜所包裹，为腹膜内位器官，故空肠和回肠在腹腔内有高度的活动性。两者之间并无明显分界线，一般在手术时可根据肠管的粗细、厚薄，肠系膜血管弓的多少、大小及肠管周围脂肪沉积的多少来辨认。空肠肠管较回肠稍宽而厚，肠系膜血管弓也较大而稀，但脂肪沉积不如回肠多。此外，空肠占小肠上段的 40%，回肠占小肠下段的 60%；或小肠上段 2/5 为空肠，下段 3/5 为回肠。小肠通过扇形的肠系膜自左上向右下附着于腹后壁。小肠系膜由 2 层腹膜组成，它们之间有血管、神经及淋巴管走行。远端肠系膜含脂肪组织较多，故回肠系膜内的血管网不易看清，但系膜内的血管弓多于空肠系膜内血管弓。手术时可根据上述特点予以区别。

小肠血液供给颇为丰富，空肠、回肠的血供来自肠系膜上动脉，此动脉发出右结肠动脉、结肠中动脉、回结肠动脉和 15～20 个小肠动脉支。小肠动脉支均自肠系膜上动脉左侧缘发出，在肠系膜两层之间走行，上部的小肠动脉支主要分布至空肠，称为空肠动脉；下部的主要分布至回肠，称为回肠动脉。每条空肠动脉、回肠动脉都先分为两支，与其邻近的肠动脉分支彼此吻合形成第一级动脉弓，弓的分支再相互吻合成二级弓、三级弓，甚至四级弓，最多可达五级弓。

一般空肠的上 1/4 段只见一级弓，越靠近回肠末端，弓的数目越多。由最后一级弓发出直动脉分布到相应之肠段。小肠的静脉与动脉伴行，最后汇入肠系膜上静脉至门静脉，小肠的淋巴先引流至肠系膜根部淋巴结，再到肠系膜上动脉周围淋巴结，最后汇入腹主动脉旁淋巴结而入乳糜池。

六、可能损伤的重要结构

可能损伤的重要结构包括小肠系膜血管、肠系膜上动脉及肠系膜上静脉系统各属支。

七、操作要点

（1）在决定行肠切除吻合术前，首先应判断肠管的生机活力，特别在疑有大段肠管坏死，由于留下的小肠不多，必须争取多保留肠管时，须严格鉴定肠管是否坏死。确定肠管坏死与否，主要根据肠管的色泽弹性、蠕动、肠系膜血管搏动等征象：①肠管呈紫褐色、暗红色、黑色或灰白色；②肠壁变薄、变脆、变软、无弹性；③肠管浆膜失去光泽；④肠系膜血管搏动消失；⑤肠管失去蠕动能力。以上现象经热敷后无改善，应决定切除。

（2）手术中应做好污染手术的隔离措施，要妥善保护术野，将坏死肠襻与腹腔及切口隔离开，以减少腹腔及切口的污染。

（3）小肠严重膨胀，不便进行手术操作时，可先进行穿刺或切开肠管减压，减压后的针孔或小切口可予以修补缝合或暂时夹闭，待完成前述操作后一并切除。

（4）肠系膜切除范围应成扇形，使其和切除的肠管血液供应范围一致。吻合口处肠管的血运必须良好，以保证吻合口的愈合。

（5）两端肠腔口径相差较大时，可将口径小的断端切线斜度加大，以扩大口径。差距太大时，可做端侧吻合。吻合时必须是全层缝合使两肠壁的浆膜面相接触，以利愈合。

（6）肠吻合时，边缘不宜翻入过多，以免吻合口狭窄。一般全层缝合应距离边缘0. 4～0. 5 cm。在拉紧每针缝线时，应准确地将黏膜翻入，否则黏膜外翻会影响吻合口的愈合，甚至引起肠唇样漏，导致弥漫性腹膜炎。

（7）慢性肠梗阻患者，当近端肠腔明显增大、水肿，全身情况较差时，即使勉强吻合，吻合口往往不易愈合。估计吻合后有不愈合的可能性时，可行暂时性肠造口（但以不用为宜）。

（8）前壁全层缝合时，进针勿过深，以防将后壁缝入，造成肠腔狭窄。此外，浆肌层缝合不应穿通肠腔壁全层，缝线结扎不宜过紧，以免割裂肠壁。

（9）缝闭肠系膜裂孔时，勿将系膜血管结扎，也不能将其穿破引起出血，因肠系膜组织疏松，出血后不易止血而形成较大的血肿，甚至可压迫血管影响肠管的血液供应。

八、操作步骤及方法

（1）拟手术的腹股沟区备皮去毛，麻醉后取仰卧位固定肢体，进行常规的消毒、铺巾。

（2）取腹部正中切口逐层切开进入腹腔。

（3）进入腹腔后进行腹内探查：找到病变肠管，确定病变性质后，先在切口周围铺好盐水纱布垫，将拟切除的坏死肠襻托出腹腔之外。

（4）确定小肠切除范围（图 10－7）：一般在离病变部位的近、远两端的健康肠管各 5～10 cm 处切断；若为肿瘤，则可根据肠系膜淋巴结转移情况而决定，切除范围应略多一些，并包括区域淋巴结的广泛切除，可直至肠系膜根部。

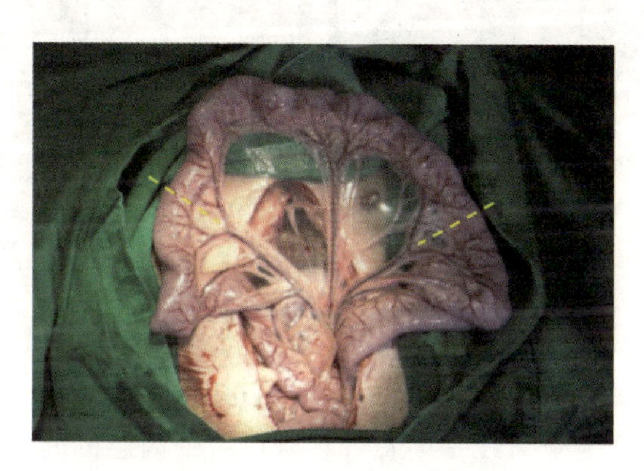

图 10－7　确定切除范围

（5）处理肠系膜及其血管（图 10－8）：根据病灶部位确定肠管切除范围，按照血供方向切开肠系膜，分离结扎遇见的肠系膜血管，观察肠管颜色及血管搏动情况。

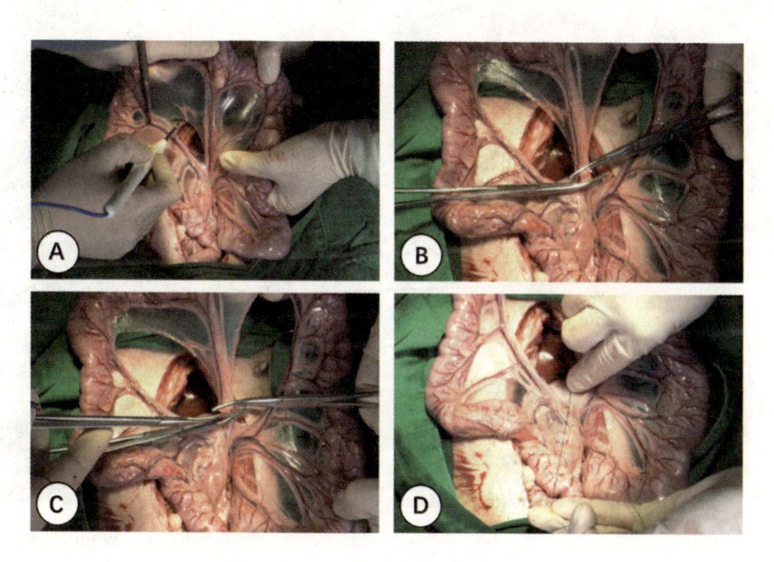

图 10－8　处理肠系膜及其血管

（6）切断肠管（图10－9）：如有肠内容物，先将肠内容物挤向两端。在血液循环良好的交界处用有齿直钳（Kocher 氏钳）斜行钳在肠管（钳与肠管横轴成30°），其外侧分别钳上肠钳，在有齿直钳的外侧切断肠管，移去切除的肠管，断端用碘伏消毒。

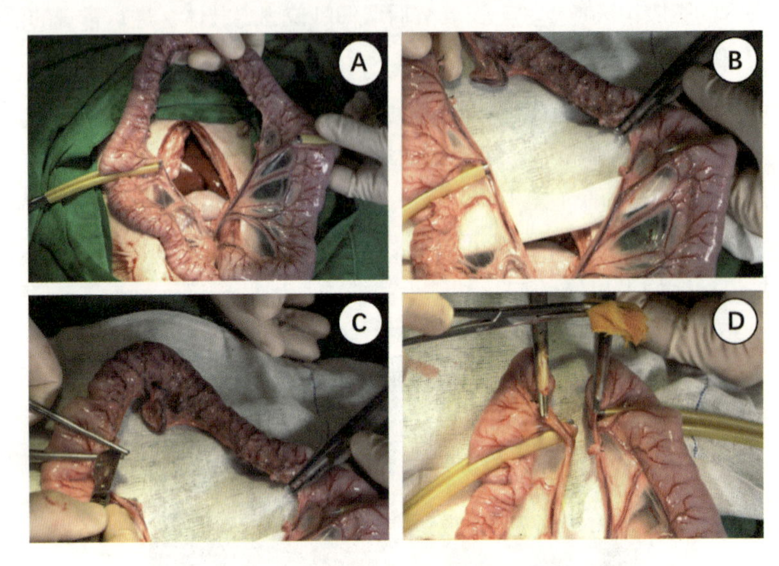

图10－9　小肠切除

（7）吻合肠管（图10－10）：将远、近两端并拢，在两端系膜缘及其对侧各进行一针浆肌层缝合并将其作为牵引线，接着行吻合口后壁内层的间断全层（或连续交锁）缝合，吻合口前壁内层间断（或全层连续）内翻缝合，吻合口前、后壁的外层分别行间断浆肌层缝合（Lambert 氏缝合）。

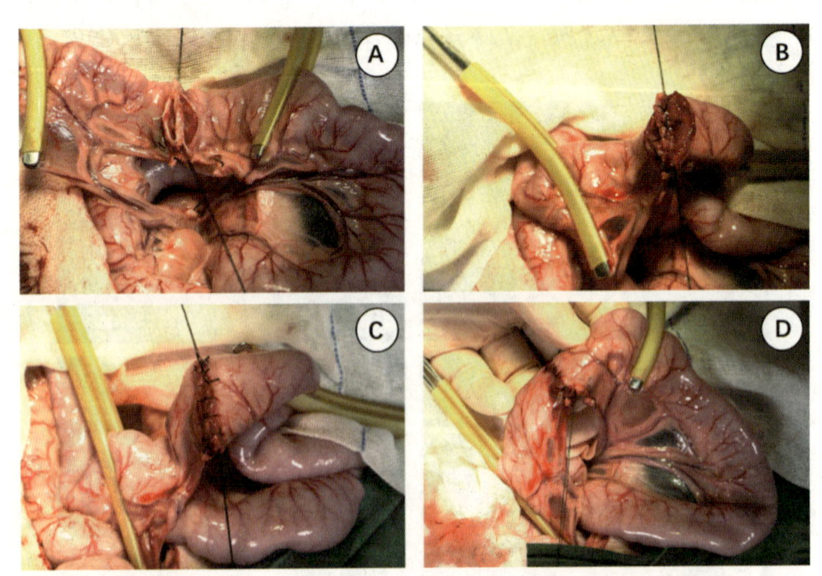

A：牵引缝合；B：后壁全层缝合；C：前壁内翻缝合；D：浆肌层缝合（Lambert 缝合）。

图10－10　小肠端端吻合术

（8）缝合肠系膜裂孔（图10－11）：用1号丝线间断（或连续）缝闭肠系膜裂孔，缝合时应注意避开血管，以免造成血肿、出血或影响肠管的血运，缝合时针距要适宜，不留空隙，以免术后发生内疝。

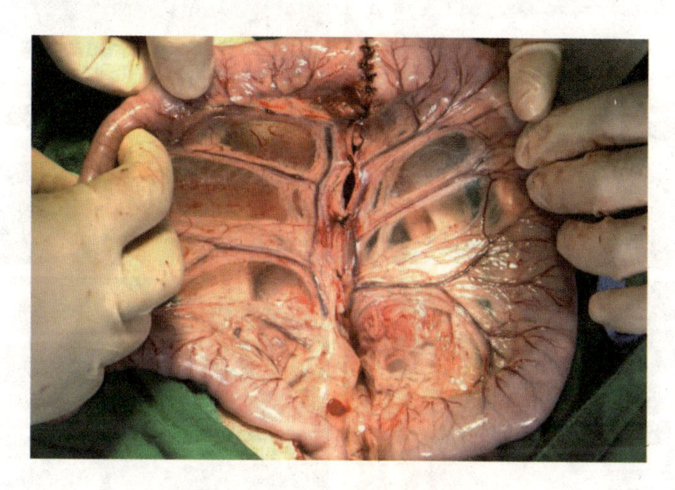

图10－11　缝合肠系膜裂孔

（9）检查吻合口通畅情况：用拇指和示指捏住吻合口两端肠壁，以指尖对合检查吻合口的通畅程度。检查远、近肠段有无扭曲。

（10）关闭腹腔：将吻合好的肠管轻轻放回腹腔（注意按顺序放回，切勿扭转），分别以4号和1号丝线依次缝合腹壁切口各层组织，关闭腹腔（腹膜可用1号铬制肠线连续缝合）。

第五节　关腹术

一、操作要点

（1）缝合皮肤前需先用酒精棉球消毒切口两侧皮肤，缝合皮肤后用有齿镊整理对合皮肤切口缘，再以无菌纱布覆盖包扎。

（2）注意关腹时的针距保持在0.8～1.0 cm，不宜过宽。

二、操作步骤及方法

（1）关腹前应清点手术器械及敷料，检查腹腔有无器械或纱布遗留，创面彻底止血，并用生理盐水冲洗腹腔，吸尽腹腔内液体。理顺肠管位置，拉下并覆盖好大网膜，逐层关闭腹腔（图 10－12）。

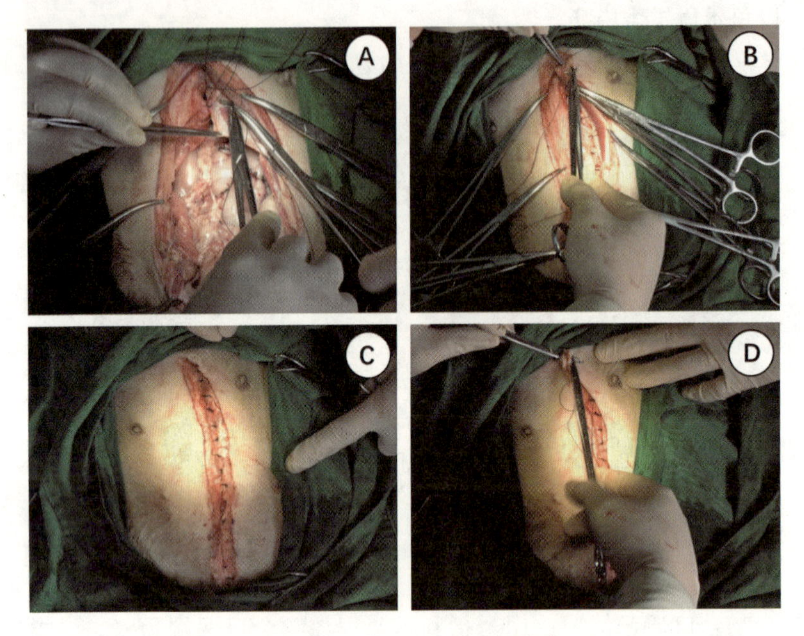

图 10－12　逐层缝合关闭腹腔

（2）用弯血管钳将腹膜切口的上下端及两侧缘夹住，用 4 号丝线从下至上行间断褥式外翻缝合（或间断缝合）；然后用 7 号丝线间断缝合腹白线，再分别用 1 号丝线间断缝合皮下组织及皮肤。

附　临床拓展

一、腹腔镜与手术微创化

以腹腔镜技术为代表的微创外科自 20 世纪 80 年代发展起来。1985 年德国人 Mühe 和 1987 年法国人 Mouret 分别成功完成腹腔镜胆囊切除术，传统外科由此进入腹腔镜外科时代。1991 年，美国 Jacobs 等进行首例腹腔镜结肠切除术。同年，日本 Kitano 等完成了首例腹腔镜远端胃癌 D1 根治术。1993 年，上海瑞金医院郑民华等开展国内首例腹腔镜乙状结肠癌根治术。1993 年，第二军医大学附属长海医院完成中国内地首例腹腔镜胃大部切除术。从此，腹腔镜胃肠手术在国内外得到广泛开展。

传统开腹手术是在腹壁做切口，外科医师经腹壁切口在直视下对腹腔病变完成手术。为了充分暴露手术视野，传统开腹手术切口通常较大，创伤也较大，术后患者疼痛也更加明显。而腹腔镜手术是指通过在腹壁上置入 2～12 mm 的穿刺套管（Trocar），向腹腔内注入气体（一般为 CO_2）建立气腹，腹腔镜镜头、光源及各种腹腔镜器械（图 10－13）经过这些 Trocar 置入腹腔，手术医师看着连接腹腔镜镜头的显示屏所显示腹腔内的实时视频而完成手术，能避免在腹壁做较大的手术切口。虽然传统开腹手术与腹腔镜手术在腹部的切口有明显不同（图 10－14），手术操作方式也明显不同，但是两者在手术治疗疾病的原则上是相同的。例如，行结肠癌根治术时，两者在术中探查原则、手术层面、肠管切除范围和淋巴结清扫范围等方面的要求是相同的。

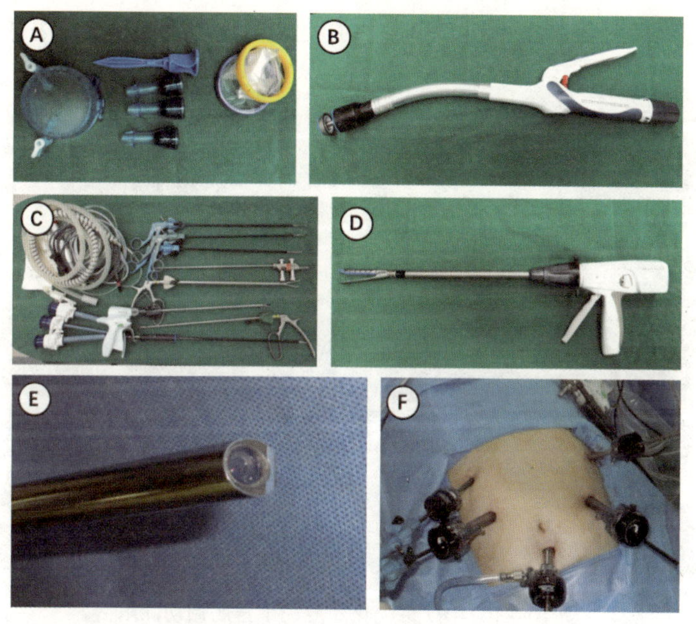

A：切口保护牵开固定器；B：胃肠道吻合器；C：腹腔镜常用器械；D：切割缝合器；E：10 mm 30°腹腔镜镜头；F：腹腔镜套管针（trocar）及置入的器械。

图 10－13　腹腔镜手术相关器械

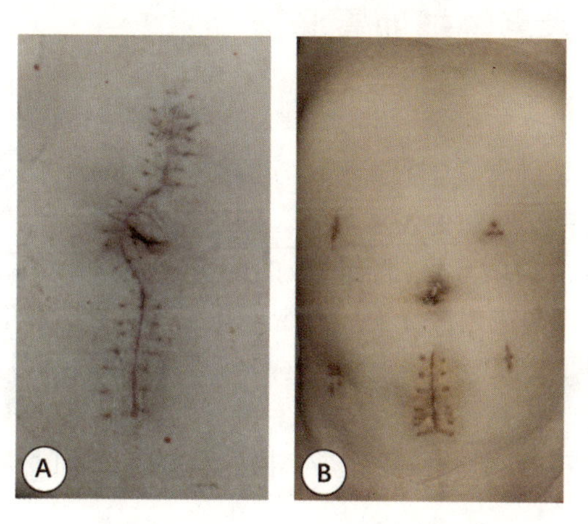

A：开腹；B：腹腔镜。

图 10－14　传统开腹方式与腹腔镜治疗乙状结肠癌腹部切口的对比

与传统开腹手术相比，腹腔镜胃肠道手术具有创伤小、出血少、术后疼痛轻、康复快、住院时间短等优点。其缺点是需要专门的手术仪器和器械及专业的培训，费用比开腹要高等。

腹腔镜胃肠道手术种类几乎拓展到所有开腹能完成的胃肠道手术。从相对简单的阑尾切除术，到相对复杂的小肠切除术、结直肠癌根治术（图 10－15）及胃癌根治术，再到复杂的全结直肠切除术和胰十二指肠切除术，都可以在腹腔镜下完成。目前在很多医院，90% 以上阑尾切除术、70%～85% 胃癌根治术、80%～90% 结直肠癌根治术都通过腹腔镜施行。随着腹腔镜技术的发展，也出现单孔腹腔镜和经自然腔道的腹腔镜技术，其手术原则没有变，但腹部手术切口更少和更小。不过，其有一定的手术适应证限制。

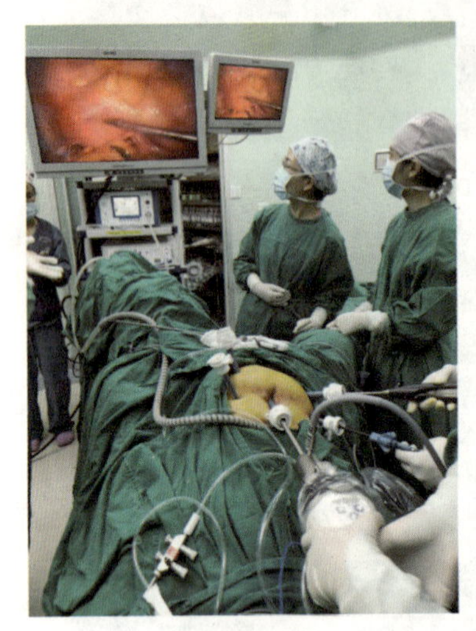
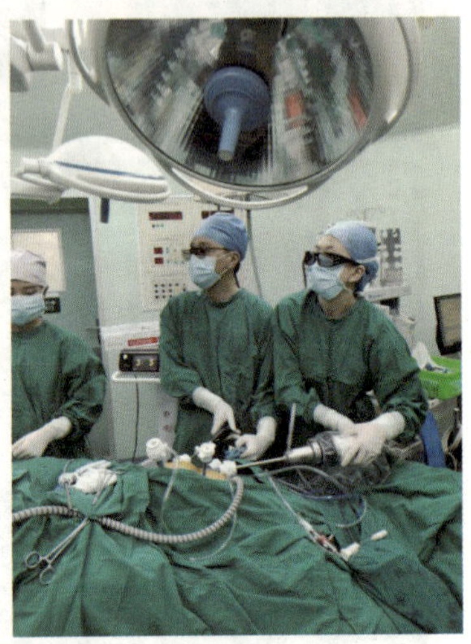

图 10－15　3D 可视化腹腔镜下直肠癌切除术

腹腔镜技能是每一位普通外科医师必须掌握的技能。

二、机器人手术系统辅助胃肠道手术

外科手术机器人是集临床医学、生物力学、机械学、材料学、计算机科学、微电子学、机电一体化等诸多学科为一体的新型医疗器械。20 世纪 90 年代以来，机器人辅助微创外科手术逐渐成为一个显著的发展趋势。以达芬奇机器人微创外科手术系统为代表的微创手术机器人逐渐成为国际机器人领域的前沿。达芬奇机器人微创外科手术系统（图 10－16）是世界范围内应用广泛的一种智能化手术平台，主要由控制台系统、操作臂系统和成像系统组成，2000 年获得美国食品与药品监督管理局批准，成为进入临床外科的智能内窥镜微创手术系统。达芬奇微创手术机器人已在全世界广泛应用，涵盖泌尿科、妇产科、心脏外科、胸外科、肝胆外科、胃肠外科、耳鼻喉科等学科。

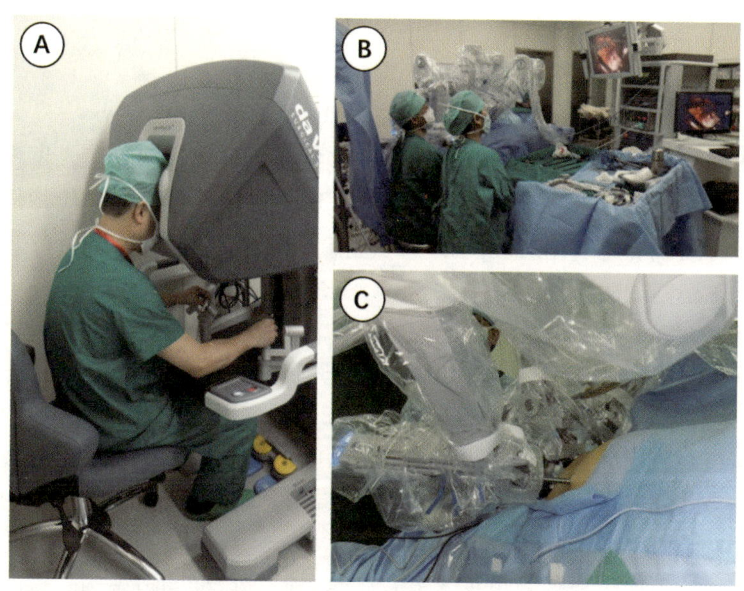

A：主刀操控手术机器人；B：助手协助手术；C：手术机器人机械臂、Trocar 和器械。

图 10－16　手术机器人系统

需要指出的是，手术机器人系统本质上是一种医疗器械。用手术机器人系统辅助做手术并不是机器人在做手术，而是外科医生通过控制手术机器人系统的操作杆，精确控制手术器械间接为患者施行手术。这有点像人工操控挖土机，不是人直接去挖土，而是操作人员通过控制挖土机的各种操作杆去控制挖土机的铲子实施挖土作业。因此，也有人称手术机器人系统为机械臂手术系统。实施手术时，外科医生坐在控制台旁，远离手术台，透过系统显示的 3D 手术视频，操控系统的手柄和脚踏控制器，计算机把操控的动作信号传输到置入腹腔内的各种器械，按照术者意图完成各项操作。如果是较大的手术，也需要助手协助手术、协助更换器械等，助手的作用类似于腹腔镜手术的助手作用。

与传统电视腹腔镜手术系统相比，机器人手术系统的优点有：为术者提供 3D 手术视野，操作更加容易和更加精细。因为仿真手腕手术器械可以模拟人的手指的灵活度，同时消除不必要的颤动，所以手术器械完全达到人手的灵活度和准确度。一些在腹腔镜下操作困难的操作，在机器人手术系统下更加容易完成。主刀医生采取坐姿进行系统操作，舒适的坐势有利于长时间复杂的手术。对患者而言，有创伤小、疼痛轻、康复快、住院时间短等优点。

手术机器人也有一些不足之处：触觉反馈还不完善，容易扯破易碎组织，也不能感觉打结的松紧度，操作者只能通过屏幕观察组织在力的作用下的变形程度来判断力的大小。系统的技术复杂，如术中发生各种机械故障，需改为常规手术。整套设备复杂、庞大，安装、调试比较复杂，需要较大的手术室。术前准备和术中更换器械耗时较长，术中难以更换患者体位，要同时完成两个相隔较远部位的手术会有更多困难。设备购置费用高，耗材贵，维修成本高。

三、胃肠手术的新应用

目前，大部分的腹部手术都可以使用腹腔镜完成，如阑尾切除术，胃、十二指肠溃疡穿孔修补术，腹股沟疝修补术，结肠切除术，脾切除术，等等。在代替传统开腹手术的基础上，外科医生们还利用腹腔镜技术的优点对代谢性疾病行手术治疗。例如，使用减重手术治疗 2 型糖尿病。

传统内科治疗对 2 型糖尿病等代谢性疾病的治疗效果不满意，近年来胃肠外科医师发现外科减重手术对于该类疾病的效果肯定且明显。2011 年，国际糖尿病联盟将减重手术加入 2 型糖尿病治疗的指南中。2013 年，Cleveland 医学中心将手术治疗糖尿病评为十大医疗创新之首。2018 年，美国临床内分泌医师协会、美国肥胖学会、美国代谢与减重外科协会共同发布了新的减重手术临床实践指南，表明减重手术作为 2 型糖尿病患者的治疗选择。

胃旁路手术是目前主要的减重手术方式，这是一种改变肠道结构、关闭大部分胃功能的手术。手术将胃为上下两个部分，较小的上部和较大的下部，然后截断小肠，重新排列小肠的位置，改变食物经过消化道的途径，减缓胃排空速度，缩短小肠，降低吸收。

通过胃旁路手术治疗 2 型糖尿病的机制目前未完全清楚。部分研究认为，胃远端十二指肠空肠上端的黏膜壁细胞经过食物刺激后产生胰岛素抵抗细胞因子是糖尿病的重要发病机制，而在行胃旁路手术后，食物不再经过上述部位，胰岛素抵抗因子分泌减少或停止。此外，食物不经过胃部而直接进入了中下消化道，刺激 L 细胞分泌胰高血糖素样肽 -1，增加胰岛素的分泌，从而降低血糖水平。

（杨斌　谭进富）

第十一章 肝胆手术

第一节 胆囊切除术

胆囊为囊性器官，呈梨形，壁薄，长为8～12 cm，直径为3～5 cm，容量依不同消化周期而异，为40～60 mL，位于肝脏脏面的胆囊窝内，标志着肝正中裂的位置，即左右半肝分界线。胆囊分为胆囊底、胆囊体和胆囊颈三部分。胆囊底一般是游离的，延伸形成胆囊体部，体部附着于肝脏胆囊窝，其向后上弯曲变窄形成胆囊颈，但三者之间无明确界限。胆囊颈与胆囊管连接处呈囊性扩大，称为胆囊颈壶腹部。胆囊三角（Calot 三角，图11－1）是由胆囊管、肝总管和肝脏下缘所构成的三角形区域，其中有胆囊动脉、肝右动脉、副右肝管通过。该三角区是一个重要的解剖部位，应仔细解剖避免副损伤的发生。

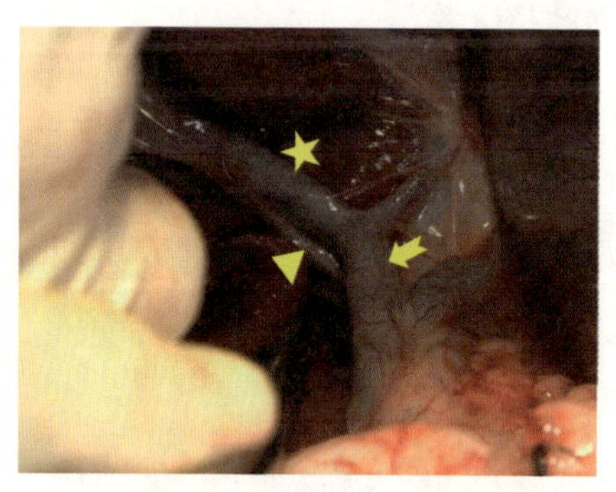

胆囊动脉（▲）、胆囊管（★）、胆总管（➔）。

图 11－1 Calot 三角

一、目的与要求

（1）熟悉胆囊切除术术的手术步骤、肝门和胆囊三角的解剖结构。

（2）巩固练习无菌技术和基本操作。

二、临床适应证

（1）急性化脓性、坏疽性、出血性或穿孔性胆囊炎。

（2）有症状的慢性胆囊炎，反复发作且经非手术治疗无效者。

（3）胆囊结石，尤其是小结石容易造成阻塞者。

（4）胆囊无功能，如胆囊积水和慢性萎缩性胆囊炎。

（5）胆囊颈部梗阻症。

（6）胆囊肿瘤。

（7）做Oddi（胆胰壶腹）括约肌切开成形术，或胆总管十二指肠吻合术的同时，应切除胆囊。

（8）胆囊瘘管、胆囊外伤破裂而全身情况良好者。

（9）口服胆囊造影胆囊不显影。

（10）结石直径超过3 cm。

（11）合并瓷化胆囊。

（12）合并糖尿病者在糖尿病已控制时。

（13）妊娠合并胆石症者。

（14）严重心肺功能障碍及不能耐受气管插管全身麻醉者。

（15）腹腔内广泛而严重粘连者，不宜建立人工气腹者。

三、临床禁忌证

（1）伴有严重心肺功能不全而无法耐受麻醉和手术者。

（2）伴凝血功能障碍者。

（3）严重肝硬化伴门静脉高压者。

四、器械

器械包括血管钳、电刀、镊子、吸引器、牵拉器、缝线、持针器。

五、可能损伤的重要结构

可能损伤的重要结构包括肝右动脉、副右肝管、右肝管、肝总管。

六、操作要点

（1）胆囊动脉和肝外胆管的变异较多，手术者应熟悉胆囊动脉和肝外胆管的解剖和变异，在炎症和粘连较重的情况下，其解剖关系常不易辨清，在钳夹和切断时有损伤胆总管和肝动脉的危险。对未能辨明解剖关系的组织，不可随意钳夹和切断。

（2）应在无张力的情况下处理胆囊管，否则，胆总管受到牵拉后有被误认为是胆囊管而将其结扎切断的风险。胆囊管残端一般距胆总管0.3～0.5 cm，不宜过短或者过长，过短可引起胆总管狭窄，过长可导致胆汁淤滞而引起感染。

七、操作步骤及方法

（1）拟手术的腹股沟区备皮去毛，麻醉后以仰卧位固定肢体，进行常规的消毒、铺巾，消毒范围上至两乳头连线，下至耻骨联合，双侧至腋中线。

（2）在脐的前部沿腹正中线切开，也可同时进行单侧或双侧肋骨旁切开（肋腹部切开），将腹部创口盖上浸有温生理盐水的纱布加以保护。

（3）将胆囊前端用无齿钳子夹住并稍稍提起，小心切开胆囊颈部的小网膜，寻找胆囊动脉，确认该动脉走向至胆囊后，在贴近胆囊壁的胆囊动脉上夹上2把血管钳，然后剪断，近端进行双重结扎（图11－2）。切记不可将肝右动脉误认为胆囊动脉予以结扎，否则会导致肝组织缺血。

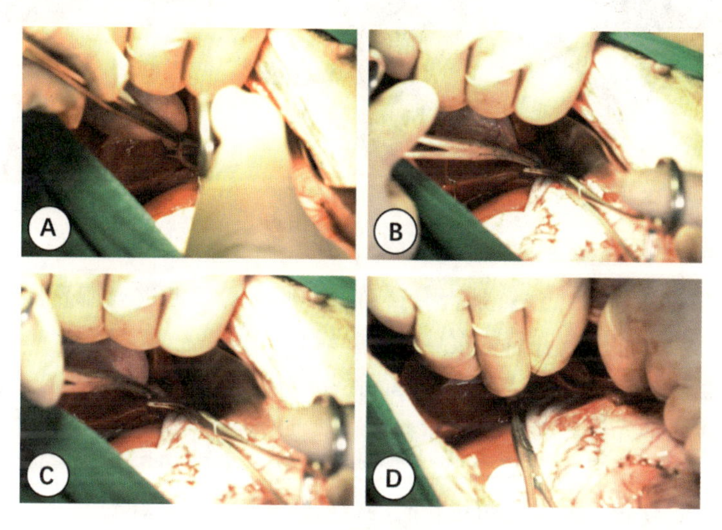

图11－2　结扎胆囊动脉

（4）充分显露和辨认胆囊管、肝总管、胆总管之间的关系。分离并结扎胆囊管（图11－3）：适当牵拉胆囊，电刀切开胆囊管前浆膜，组织剪钝性分离周围组织，距胆总管0.3～0.5 cm处用2把血管钳分别钳夹胆囊管，于中间切断，断端用碘伏消毒，近侧断端用4号缝线结扎后再贯穿缝合结扎，以免结扎线脱落。

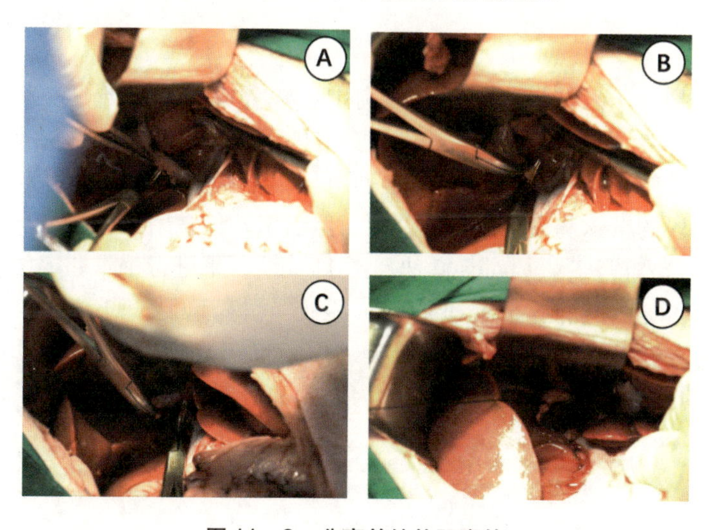

图11－3　分离并结扎胆囊管

（5）轻轻将胆囊颈壶腹向外牵拉，剪开胆囊管前面的腹膜，用血管钳钳夹并上提胆囊管颈部，用电刀切开胆囊浆膜层，将胆囊分离出来。也可用组织剪或血管钳从胆囊基部开始，在距胆囊肝床约 1 cm 处切开胆囊浆膜层，钝性、锐性两种方法结合将胆囊肌层和黏膜层由底部开始向颈部剥离，小心地从胆囊窝钝性分离出胆囊（图 11 -4）。

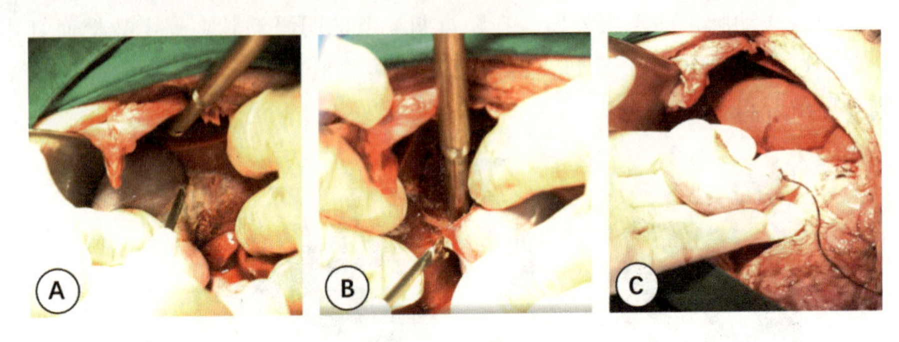

图 11 -4　游离胆囊

（6）仔细检查胆囊床，注意是否有渗血、漏胆，可间断缝合胆囊床两侧浆膜使之腹膜化。温生理盐水冲洗腹腔后依次缝合腹壁切口。

切除胆囊有 2 种方法，上述方法为逆行性切除法。若胆囊颈部粘连较重，周围结构不清，则从胆囊底部先将胆囊由胆囊床剥除后，再处理胆囊管。顺行性切除法即先游离胆囊动脉和胆囊管，最后将胆囊自肝床上剥离。也可采用顺行、逆行两者相结合的方法，即先处理胆囊动脉，游离出胆囊管后以粗丝线牵引，但先不结扎，待将胆囊自肝床上完全剥离后再处理胆囊管。

第二节　肝叶切除术

肝脏由正中裂（下腔静脉左缘至胆囊窝中点）分成左右两半。右半肝由右叶间裂分为右前叶和右后叶，右后叶又被右段间裂分成上下两段。左半肝由左叶间裂分成左内叶和左外叶，左外叶又被左段间裂分成上下两段。尾状叶分成左右两半，分属左右半肝。这种五叶四段的概念和命名为国内公认，但临床外科常用以肝静脉及门静脉在肝内的分布为基础的“八段法”（Couinaud 法，图 11 -5），来进行手术和定位。肝内的管道系统，依其走形可分为肝静脉系统和 Glisson 系统。肝门静脉、肝动脉和肝管三者在肝内的分支走行和分布基本一致，外有纤维囊（Glisson 囊）包绕，称为 Glisson 系统。依照 Glisson 系统的分支与分布将肝进一步分为肝叶和肝段，肝静脉走行于肝叶之间和肝段之间。

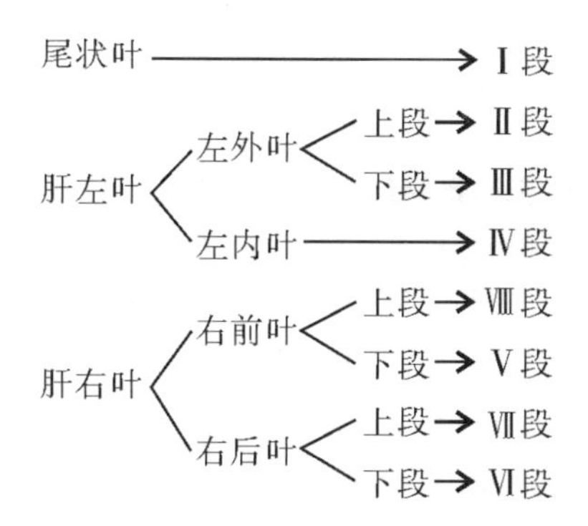

图 11－5　肝内解剖结构与肝脏分叶、分段的定位关系（Couinaud 法）

肝脏的血液供应非常丰富，血容量相当于人体总量的 14%，成人肝每分钟血流量为 1 500～2 000 mL。肝的血管分入肝血管和出肝血管两组，入肝血管包括肝固有动脉和门静脉，属于双重血管供应，出肝血管是肝静脉系。肝动脉是营养血管，肝血供的 1/4 来自肝动脉，主要供给氧气；门静脉是肝的功能血管，3/4 的肝血供来自门静脉，把来自消化道的含有营养的血液送至肝脏加工。肝静脉包括左、中、右三条肝静脉和肝后的肝短静脉，特点是壁薄、无静脉瓣、固定于肝实质内。肝内的毛细胆管、小叶间胆管逐渐汇合成左右肝管，然后到肝门外或少数在肝门内连结成肝总管。

一、目的与要求

（1）熟悉部分肝叶切除术的手术步骤及肝脏的解剖层次。

（2）巩固练习无菌技术和基本操作。

二、临床适应证

临床适应证包括原发性肝癌、转移性肝癌、胆囊癌、肝海绵状血管瘤、肝腺瘤、肝胆管（癌）结石、肝损伤、肝破裂、慢性肝脓肿、非寄生虫性肝囊肿、肝包虫病胆道出血等。

三、临床禁忌证

（1）伴有严重心肺功能不全而无法耐受麻醉和手术者。

（2）伴凝血功能障碍者。

（3）严重肝硬化伴门静脉高压或肝功能失代偿者。

（4）恶性肿瘤已肝内转移或全身扩散者。

（5）肝切除术后剩余肝体积不超过 30% 标准肝体积（肝硬化者为 50%）或无法保证剩余的正常肝脏的流入及流出通道的完整性。

四、器械

器械包括血管钳、高凝电刀、血管缝合器械、镊子、吸引器、牵拉器、血管缝线、持针器。

五、可能损伤的重要结构

可能损伤的重要结构包括膈肌、胃十二指肠、右侧肾脏及肾上腺、下腔静脉。

六、操作要点

操作要点包括肝门的暴露和重要血管的阻断。

七、操作步骤及方法

(1) 拟手术区域备皮去毛后麻醉，以仰卧位固定肢体，进行常规的消毒、铺巾。

(2) 在脐的前部沿腹正中线切开，也可同时进行单侧或双侧肋骨旁切开（肋腹部切开），逐层切开皮肤、皮下组织、筋膜、肌层，进入腹腔，将腹部创口盖上浸有温生理盐水的纱布加以保护，术者洗手探查腹腔。

(3) 切断肝圆韧带（图 11-6)，用 7 号丝线结扎，用肝脏拉钩暴露术野。

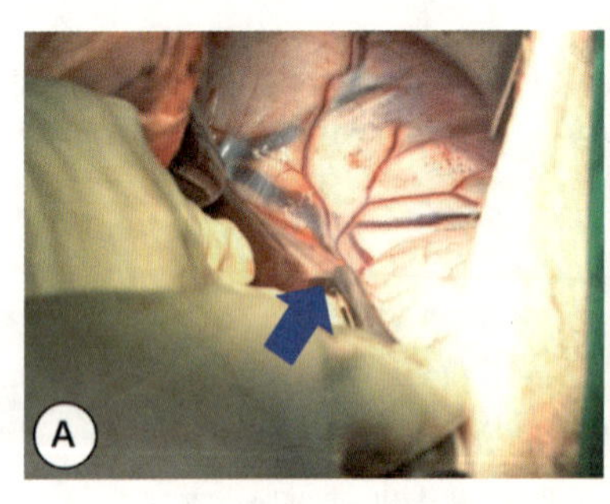

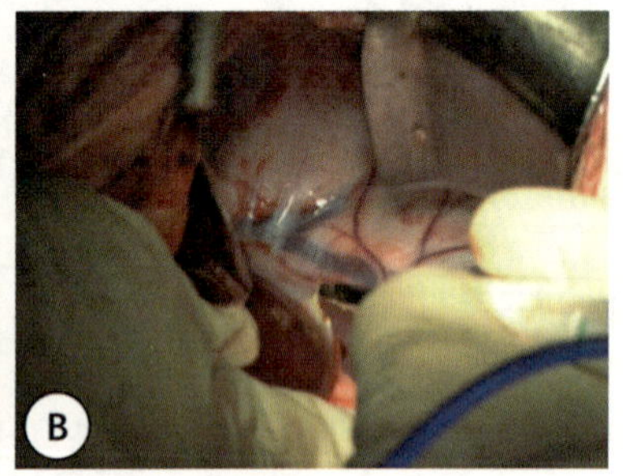

箭头所指处的镊子夹持的组织为肝圆韧带。

图 11-6　切断肝圆韧带

(4) 游离肝脏，切开肝镰状韧带、左右冠状韧带（图 11-7)，以及左右三角韧带。

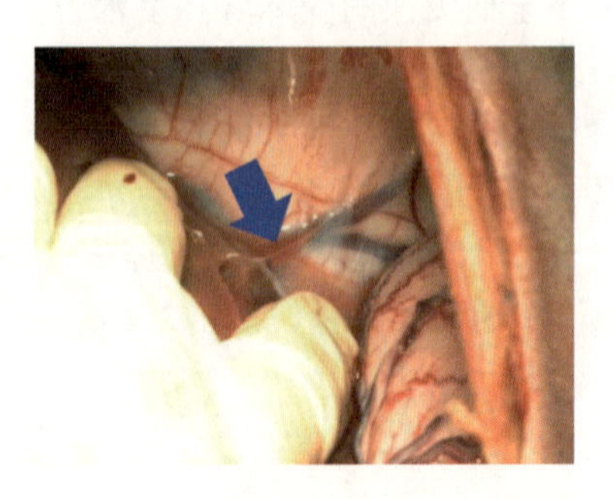

箭头所指处为冠状韧带。

图 11-7　切开冠状韧带（箭头所指位置）

（5）充分游离和暴露肝脏，显露第一肝门。在肝叶切除前，可先用橡皮管结扎阻断患侧肝动脉和门静脉分支，使肿物缩小变软，减少术中出血，每次阻断时间为 15～20 min，可放松 3～5 min 后进行下一次阻断，待肝叶完全切除后解除阻断（图 11－8）。

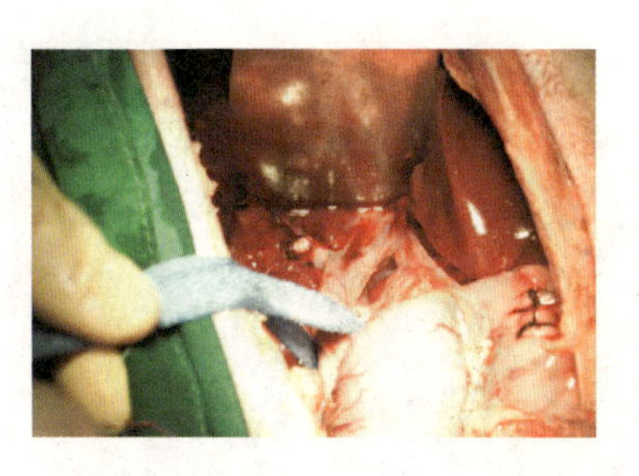

图 11－8　显露肝门，阻断血流

（6）将病变的部分肝叶移至腹壁创口处，确定肝叶的切除范围，本实验切除第四段肝叶。首先切开第一肝门浆膜，分离进入第 4 段肝叶门静脉、肝动脉及胆管的相应分支，血管钳钳夹切断并结扎；沿肝段缺血线切开包膜，电凝刀分离肝实质，创面电凝止血，遇到血管及肝管的细小分支可直接用电刀稍做电凝或用中弯钳钳夹并用组织剪剪断和结扎，遇到肝静脉时用 1 号丝线缝扎并切断。手术操作如图 11－9 所示。

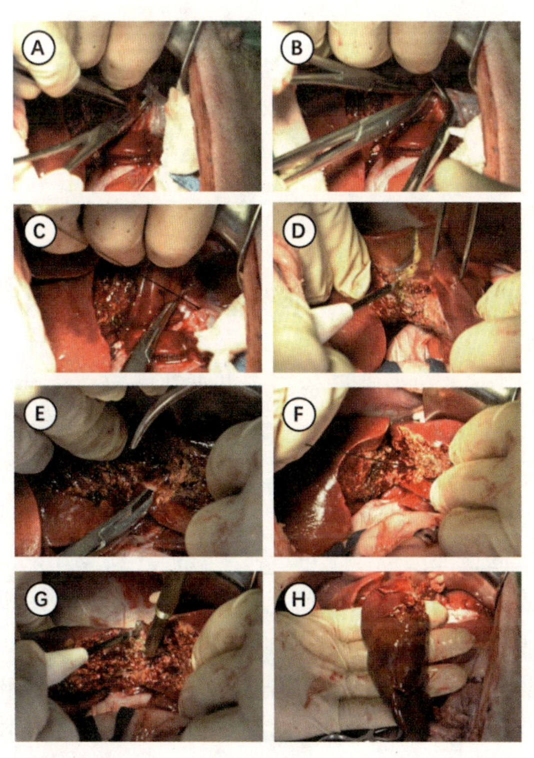

A：分离门静脉；B：切断门静脉；C：结扎门静脉；D：切开包膜；E：游离肝静脉；F：切断并结扎肝静脉；G：游离肝叶；H：切除的肝叶。

图 11－9　切除第四段肝叶

（7）对肝创面进行彻底止血（图11－10），活动性出血可以行“八”字缝合，无明显出血后，可用一片游离大网膜覆盖肝创面并缝合固定，也可以对拢缝合肝创面，最后松解阻断带。

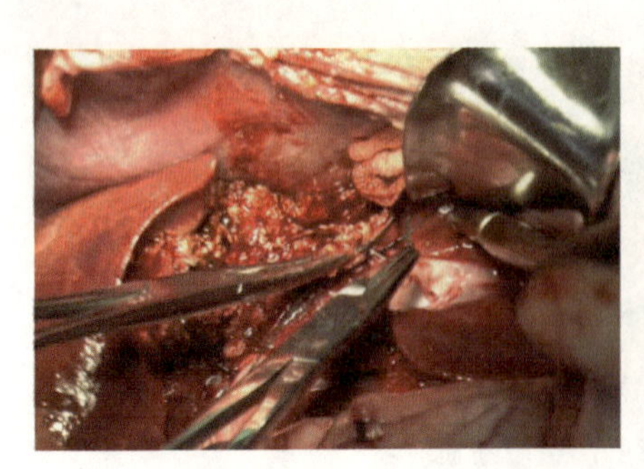
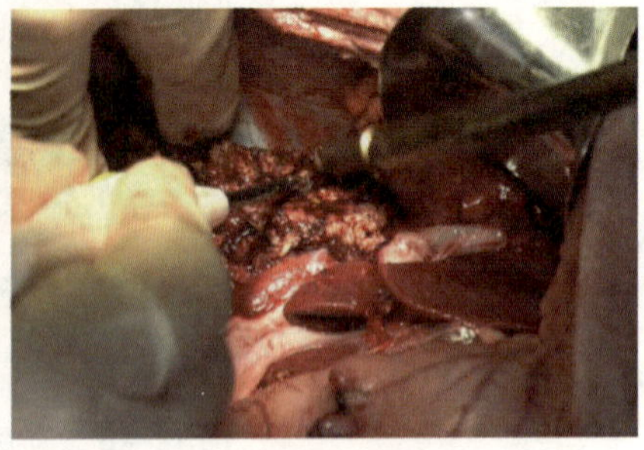

图11－10 创面止血

（8）用温生理盐水冲洗腹腔，依次缝合腹壁。

切除狗的肝叶时，也可采用肝组织手指分割法，即用示指和中指夹住肝脏的切除线，在肝脏的健康部位进行大力压迫和捏搓，目的是钝性分离肝内的血管和胆管，充分暴露肝内的血管和胆管。将肝叶从中心向边缘方向一边捏搓一边切断，暴露切除线上的血管后用缝线双重结扎血管。

附 临床拓展

3D腹腔镜可视化技术在肝胆外科手术的应用

3D腹腔镜技术利用电子和光学设备，通过小孔就可以完成复杂的手术（图11－11A），不仅具有并发症少、安全、康复快的特点，并且能够建立立体的视觉效果，使操作更为精准，可以说是外科手术的一场革命。近年来，以腹腔镜技术为代表的微创外科发展已得到业界的认可并得到广泛应用。通过进入腹腔的2个甚至1个细小的镜头，摄取腹腔内图像，通过高性能的摄像主机进行处理后，在专用的3D监视器上呈现逼真的立体图像，完全再现人体内的真实情况。这时如果用眼睛直接观看，看到的画面是重叠、模糊不清的，必须佩戴3D眼镜观看。而手术医生佩戴的则是偏振眼镜。使用偏振眼镜观看，左眼只能看到左摄像头拍摄的画面，右眼只能看到右摄像头拍摄的画面，这样组合起来就会看到立体影像，显示屏上的影像立刻变得异常清晰而层次分明，会有身临其境的感觉（图11－11B）。在肝胆外科中，使用3D腹腔镜技术进行胆囊切除（图11－12）、肝叶切除（图11－13）已经逐渐成为标准手术方式。

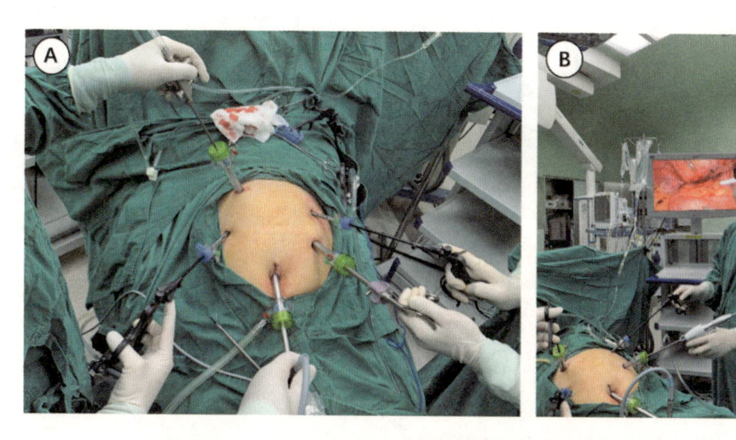

图 11－11　3D 可视化腹腔镜辅助下肝胆手术

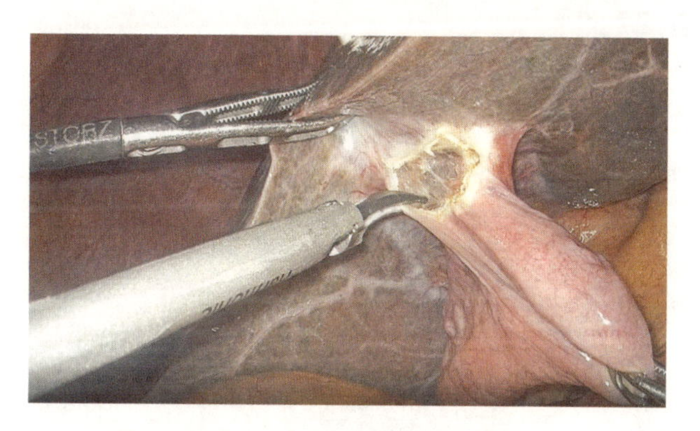

图 11－12　腹腔镜下胆囊切除

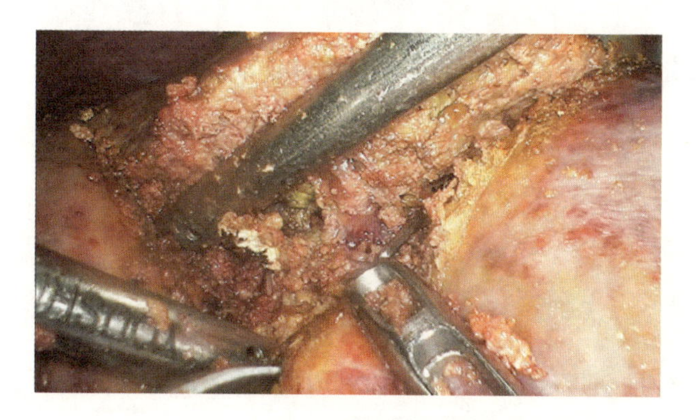

图 11－13　腹腔镜下肝叶切除

（叶义标）

第十二章　妇科手术

子宫双附件切除术

一、目的与要求

（1）训练无菌操作技术。

（2）熟悉妇科常用器械及其使用方法。

（3）熟悉子宫及周围组织的解剖结构。

二、临床适应证

临床适应证包括经治疗无效的子宫肌瘤，子宫腺肌症；宫颈上皮内瘤变（CIN Ⅲ，包括原位癌），Ⅰ A1期宫颈癌（LVSI 阴性），Ⅰ期子宫内膜癌等。

三、临床禁忌证

临床禁忌证包括严重心肺功能障碍不能耐受麻醉及手术者、严重凝血功能障碍者等。

四、器械

器械包括中弯钳、剪刀、电刀、角针、圆针、缝线，腹壁拉钩等。

五、可能损伤的重要结构

可能损伤的重要结构为邻近盆腔脏器（膀胱、直肠、输尿管）。

六、操作要点

操作要点包括处理卵巢动静脉、宫旁组织，确定宫颈位置并切断。

七、操作步骤及方法

（1）麻醉后取仰卧位，腹部进行常规的消毒铺巾，消毒范围为剑状软骨到耻骨。

（2）取腹部正中直切口，逐层切开皮肤、皮下组织、腹白线、腹膜，进入腹腔。

（3）进入腹腔后辨认子宫、膀胱、卵巢及供应卵巢的血管，并用止血钳分别将其钳夹暴露。从卵巢的下方用止血钳钳夹切断卵巢动、静脉，用丝线结扎（图 12－1）。

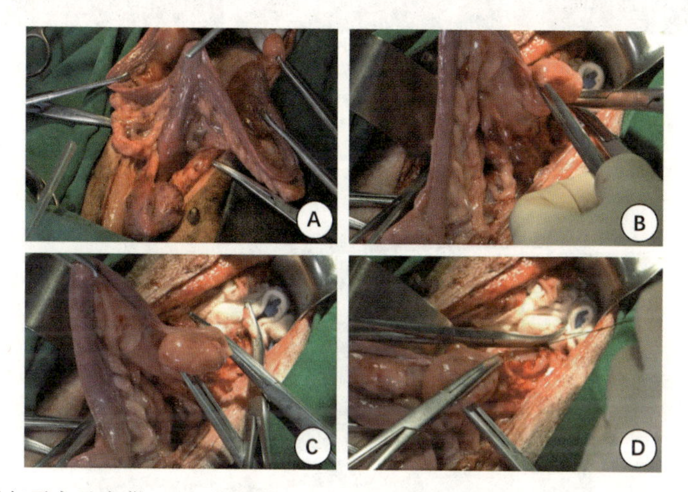

A：辨认并提起子宫及卵巢；B：从卵巢下方钳夹卵巢动、静脉；C：切断卵巢动、静脉；D：结扎卵巢动、静脉。

图 12－1　结扎卵巢血管

（4）狗的子宫呈细长的"Y"形，宫旁组织较薄，切除子宫的时候只需沿着子宫的下方将宫旁组织分次钳夹切断即可，7 号丝线缝扎，一直切至膀胱处（图 12－2）。

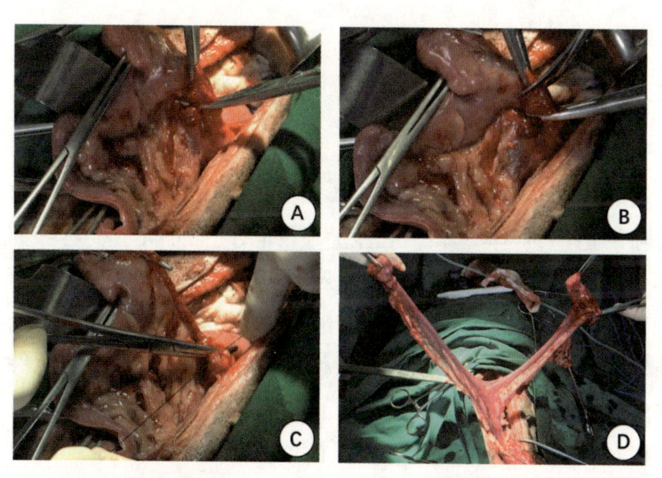

A：钳夹宫旁组织；B：切断宫旁组织；C：结扎或缝扎宫旁组织断端；D：游离子宫及卵巢。

图 12－2　切除子宫旁组织

（5）用手触摸确定的位置，在宫颈下方用2把止血钳钳尖相对的钳夹阴道壁，并在切断阴道后使用可吸收线缝合阴道（图12－3）。

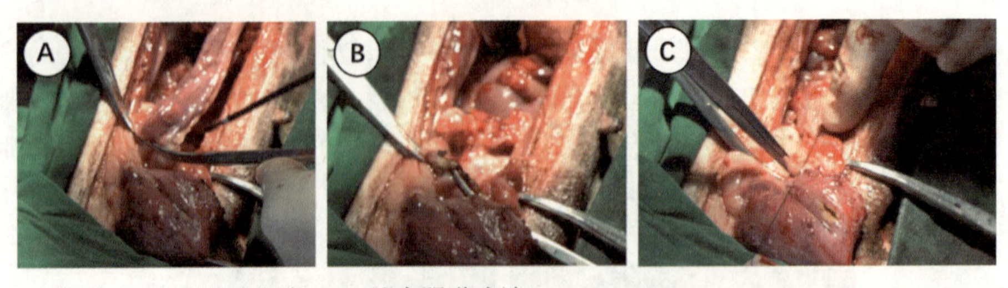

A：切除子宫；B：阴道残端；C：缝合阴道残端。

图12－3　切除子宫，缝合阴道残端

（6）取出离体子宫（图12－4）。

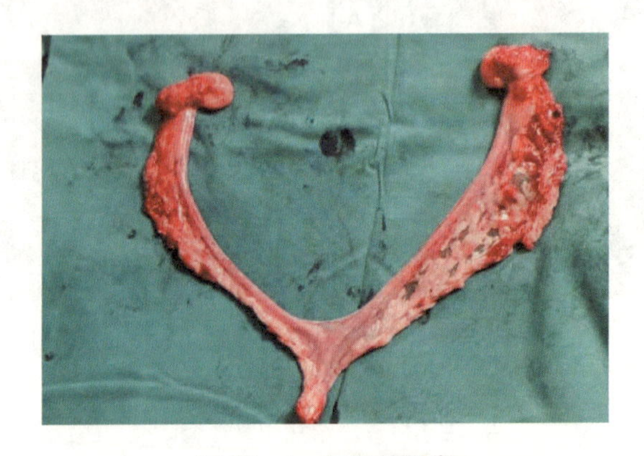

图12－4　切除的子宫

（7）检查各术野有无活动性出血点，冲洗腹腔后逐层关腹。

附　临床拓展

子宫双附件切除术是对有子宫及（或）附件器质性病变的患者的一种有效手术治疗方法。子宫切除的适应证主要有：经治疗无效的子宫肌瘤、子宫腺肌症；宫颈上皮内瘤变（CINⅢ，包括原位癌）、ⅠA1期宫颈癌（LVSI阴性）、Ⅰ期子宫内膜癌等。对于是否切除子宫附件（以下简称附件），必须根据病变的良恶性及患者的年龄、意愿等进行综合考虑。良性病变、年龄不足50岁或未绝经的患者可以保留附件。有子宫内膜癌或与雌激素相关疾病的患者，不保留附件。

手术禁忌证包括严重心肺功能障碍而不能耐受麻醉或手术、严重凝血功能障碍等。

此次动物实验的演示步骤为：麻醉后常规的消毒铺巾，逐层开腹进入腹腔。进入腹腔后首先辨认子宫、膀胱、卵巢及供应卵巢的血管。切除卵巢时，从卵巢的下方下钳，钳夹切断卵巢动静脉，以丝线对其进行结扎。狗的子宫跟人的不一样，呈细长的“Y”形，宫旁组织也是比较薄的，切除子宫的时候只需沿着子宫的下方将宫旁组织切断，一直切至膀胱处。分离膀胱与子宫的间隙后，钳夹切断宫旁组织（主、骶韧带），以2把止血钳横断宫颈，切断阴道，取出离体子宫，用可吸收线缝合阴道。

在临床上，“开腹子宫及双附件切除术”的手术步骤如下：

（1）麻醉后常规消毒、铺巾，消毒范围：上至剑突水平，下至大腿中上1/3处，两侧达腋中线。

（2）取腹部耻骨上横切口，逐层切开皮肤、皮下组织、腹白线、腹膜，进入腹腔（子宫较大或恶性肿瘤患者，可采用腹部正中直切口，保证充足的手术视野）。辨认子宫、双侧附件及膀胱位置，以及供应卵巢的血管。

（3）用止血钳钳夹两侧子宫角（子宫内膜癌患者还应缝扎输卵管伞端，防止癌细胞扩散入腹腔），暴露左侧圆韧带，用2把弯钳钳夹左侧圆韧带，钳夹切断圆韧带，用丝线缝扎残端（图12－5）。以同法处理右侧圆韧带。

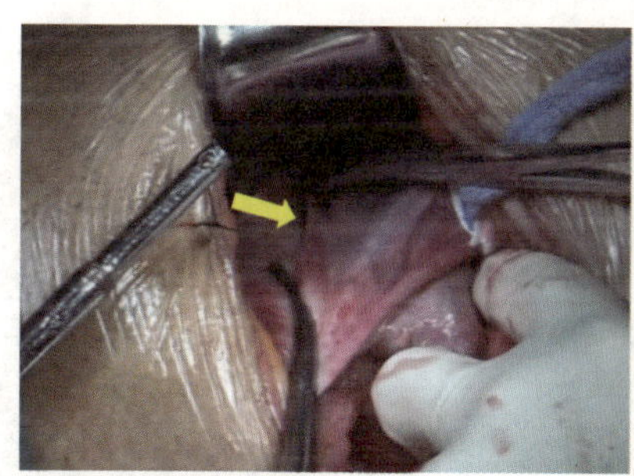
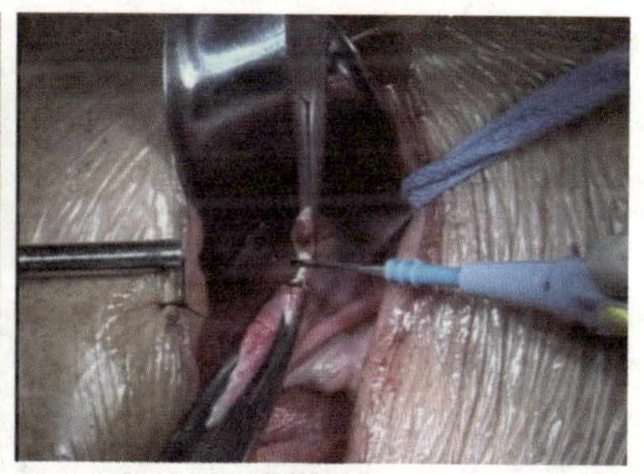

图中箭头所指处为圆韧带。

图12－5　切断圆韧带

（4）暴露左侧附件，分离左侧骨盆漏斗韧带，2把止血钳钳夹，在钳间切断，丝线结扎（图12－6）。同法处理右侧附件。若不切除附件，则钳夹切断双侧卵巢固有韧带及双侧输卵管。

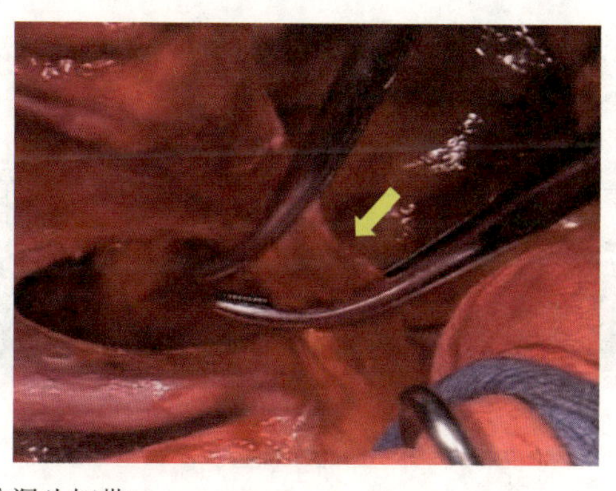

图中箭头所指处为骨盆漏斗韧带。

图12－6　切断骨盆漏斗韧带

（5）把所有断端捆绑在两侧宫角的钳子上，方便悬提暴露术野，避免妨碍手术操作。打开膀胱腹膜返折（图 12－7），分离膀胱宫颈间隙，下推膀胱至宫颈外口下。

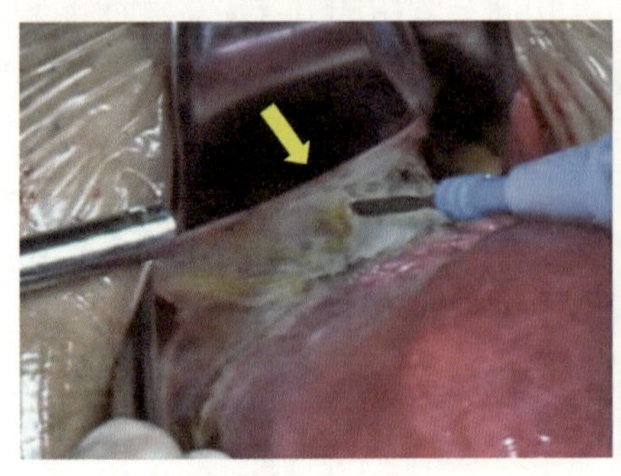
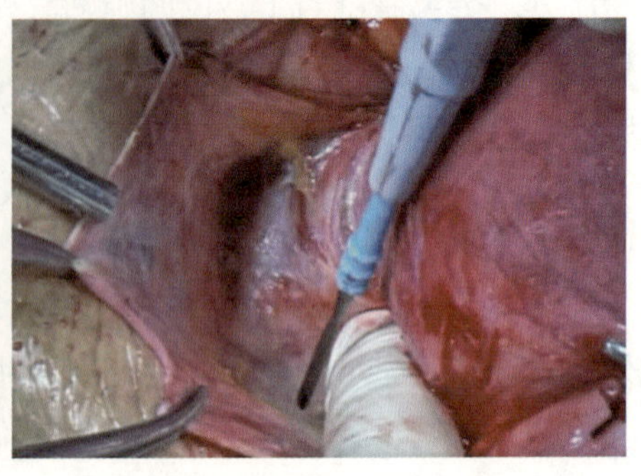

图中箭头所指处为膀胱腹膜反折。

图 12－7　打开膀胱腹膜反折

（6）钝性分离宫旁组织，充分暴露子宫血管，紧贴子宫颈钳夹子宫动静脉，电凝切断子宫血管（图 12－8）。

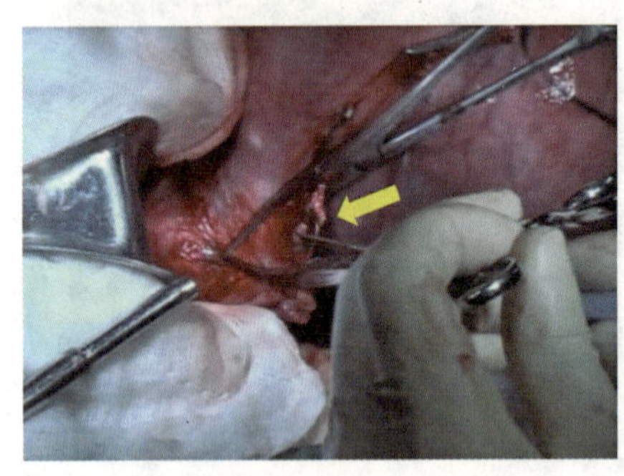
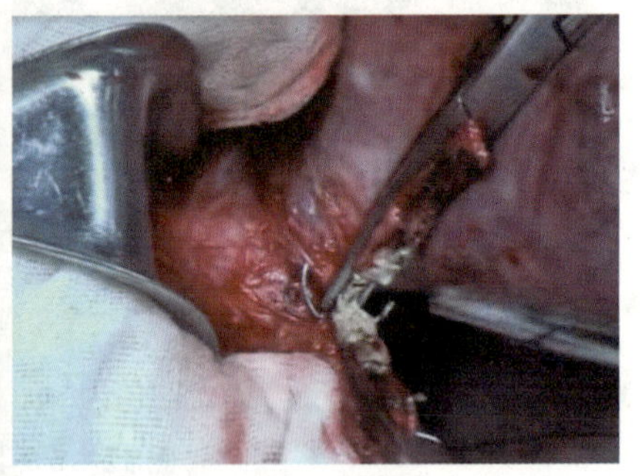

图中箭头所指处为子宫血管。

图 12－8　凝扎子宫血管

（7）分别钳夹主韧带和骶韧带，紧贴宫颈电凝切断主韧带和骶韧带，7 号丝线缝扎残端（图 12－9）。

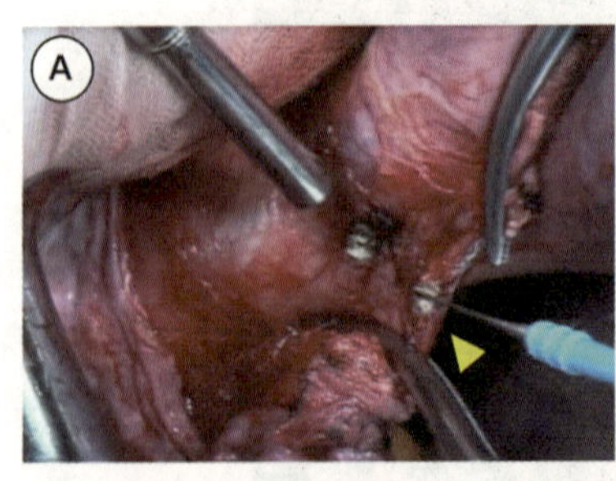

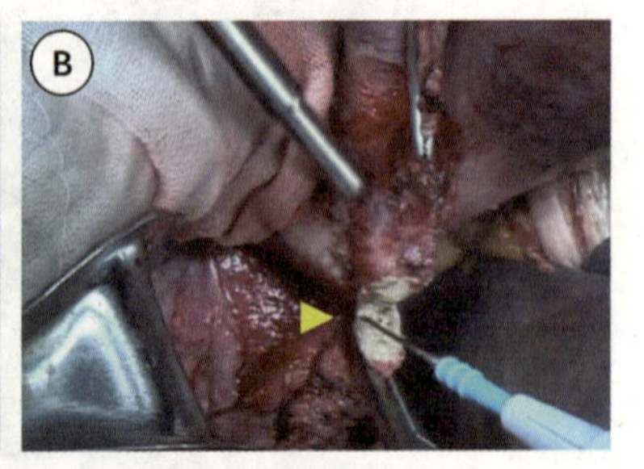

A：图中三角形所指处为主韧带；B：图中三角形所指处为骶韧带。

图 12－9　切断主韧带和骶韧带

（8）以 2 把止血钳在宫颈外口下钳夹阴道，切断阴道，取出离体子宫，消毒阴道残端，用可吸收线“U”形缝合阴道（图 12－10）。

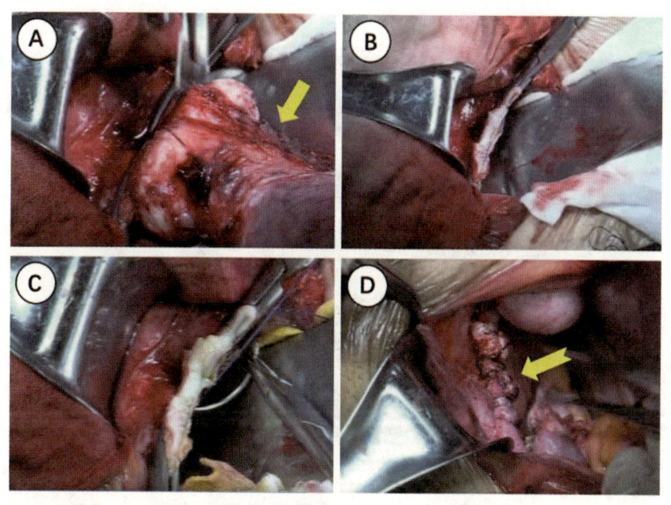

图中箭头所指处为阴道，燕尾箭头所指处为阴道残端。

图 12－10　处理阴道残端

（9）检查创面无出血，蒸馏水冲洗腹腔后逐层关腹。

手术要点如下：

（1）卵巢动静脉从骨盆漏斗韧带穿行，为避免出血，钳夹骨盆漏斗韧带时进行双重结扎，切断时要贴近骨盆。

（2）在打开膀胱腹膜反折时，要找准白色的疏松组织切断，以免损伤膀胱。

（3）钳夹子宫血管时，钳尖指向子宫内口的方向，与子宫血管垂直，减少出血；在电凝子宫血管时，要靠近宫颈，避免输尿管的损伤。

在临床上，对于子宫双附件切除术，大多数妇科医生已选择腹腔镜术式来代替开腹手术，包括传统腹腔镜和单孔腹腔镜，也有部分临床中心开展机器人腹腔镜术式。微创术式与开腹术式相比，手术步骤和手术范围相似，切除后的子宫双附件经阴道取出。根据疾病良恶性决定术中是否联合盆腔淋巴结清扫及宫旁组织切除的范围。微创手术相对于开腹手术而言，具有创伤小、术中出血量少、术后恢复快、住院时间短等优点，但对于子宫体积过大、盆腔粘连严重等患者，腹腔镜操作难度较大，要根据患者的实际情况和意愿选择不同的手术入路。

临床病例 1

王××，女，45 岁，因“不规则阴道流血 5 月”入院。患者 5 月前出现不规则阴道流血，当地医院 B 超提示内膜增厚。行诊断性刮宫术，术后病理提示：高分化子宫内膜样腺癌。妇科检查：外阴、阴道无异常；宫颈光滑常大，未见赘生物，无接触性出血；子宫前位，常大，无压痛，未扪及包块；双侧附件无增厚，未触及肿物。

入院后查肿瘤系列指标未见异常；MRI 及宫腔镜检查示病灶位于左侧宫角，大小约为 1.5 cm，浸润深度小于 1/2 肌层，宫颈无受累。

初步诊断为子宫内膜样腺癌Ⅰa期（G1期）。患者入院后行“腹腔镜下全子宫及双附件切除术”，图12－11为切除的子宫。

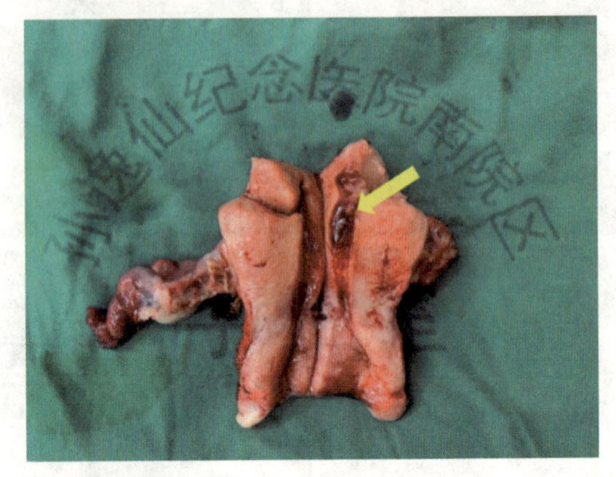

图中箭头所指处为子宫内膜样腺癌组织。

图12－11　切除的子宫（病例1）

临床病例2

赵××，女，55岁，因“发现子宫增大7年，加重2年”入院。患者定期体检，7年前行B超检查发现子宫增大，未予处理，近2年体检发现子宫明显增大。B超检查提示：子宫右前壁下段低回声区，大小约为115 mm×84 mm×58 mm，遂入院治疗。患者绝经2年，绝经后无异常阴道流血排液；已婚，G1P1A0。妇科检查：外阴、阴道无异常；宫颈光滑常大，未见赘生物，无接触性出血；子宫前位，明显增大如孕2月，无压痛，活动可，未扪及包块；双侧附件无增厚，未触及肿物。

入院诊断为子宫肌瘤。患者无生育要求，入院后行“开腹子宫及双附件切除术”，图12－12为切除的子宫。

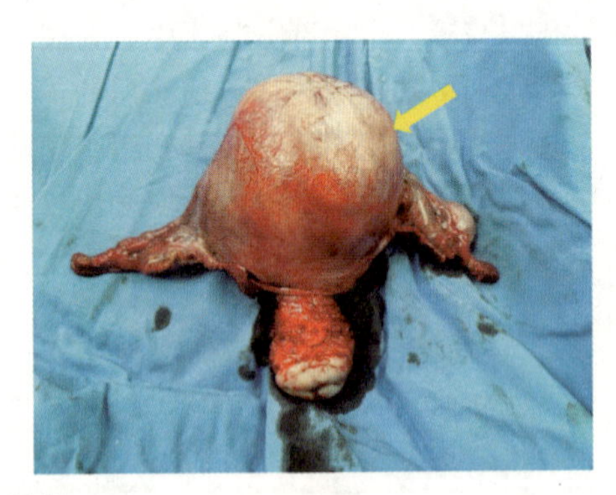

图中箭头所指处为子宫肌瘤。

图12－12　切除的子宫（病例2）

（卢淮武）

第十三章　泌尿外科手术

第一节　肾切除术

一、目的与要求

(1) 训练无菌操作技术。
(2) 熟悉开腹手术常用器械及其使用方法。
(3) 熟悉肾脏周围解剖结构。

二、临床适应证

临床适应证包括严重的肾脏或输尿管损伤、肾脏或肾周脓肿、末期肾积水、原发性肾肿瘤、单侧特发性肾性血尿；不可矫正的肾动脉疾病引起的肾性高血压及肾硬化、肾盂肾炎、反流或者先天发育不良所致的单侧肾实质严重损害。

三、器械

器械包括止血钳、组织剪、牵引器。

四、可能损伤的重要结构

可能损伤的重要结构包括主动脉和下腔静脉、胰腺、肠管。

五、操作要点

操作要点包括肾门结构的游离，肾动静脉的离断和结扎，输尿管的离断和结扎。

六、操作步骤及方法

(1) 取仰卧位，进行常规的消毒铺巾，从正中切口进入腹腔。

（2）以右侧肾切除为例，向头侧牵拉肝脏，暴露肾脏上极的组织结构（图 13-1）；将肾脏翻向左侧，从后方暴露肾门，切开腹膜和肝肾韧带。

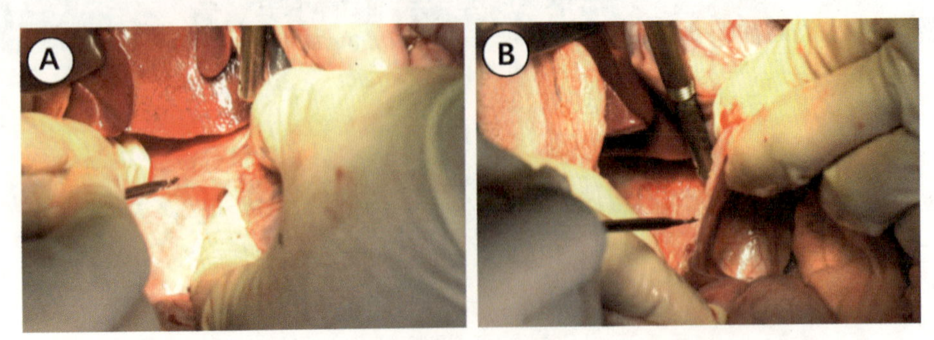

A：牵拉肝脏，暴露肾脏上极；B：切开腹膜。

图 13-1　暴露肾脏

（3）分离肾动脉。用 2 把血管钳夹闭肾动脉，在 2 把血管钳之间剪断血管。由于肾脏血管血流量大、管径较粗，因此为了避免术中术后结扎线脱落，用可吸收缝线双重结扎血管。注意先处理近心端的血管，完成后再处理肾脏端的血管。操作步骤如图 13-2 所示。

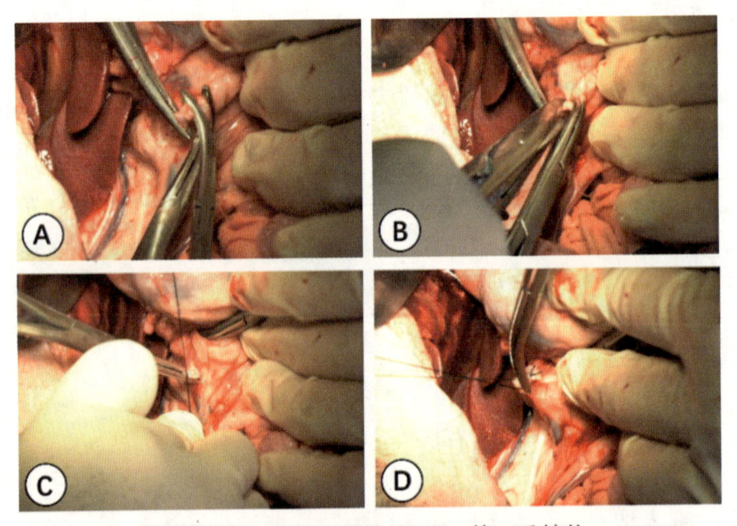

A：钳夹肾动脉；B：切断肾动脉；C：第一重结扎；D：第二重结扎。

图 13-2　肾动脉的处理

（4）处理肾脏静脉。其方法与处理动脉的方法类似，采用 2 把血管钳夹闭剪断及双重结扎的方法离断并结扎肾静脉（图 13-3）。

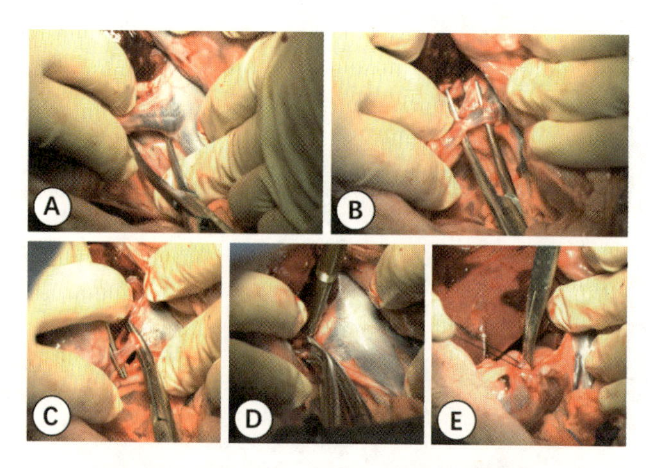

图 13－3　肾静脉的处理（同肾动脉处理）

（5）游离肾脏下极的纤维组织，操作步骤如图 13－4 所示。

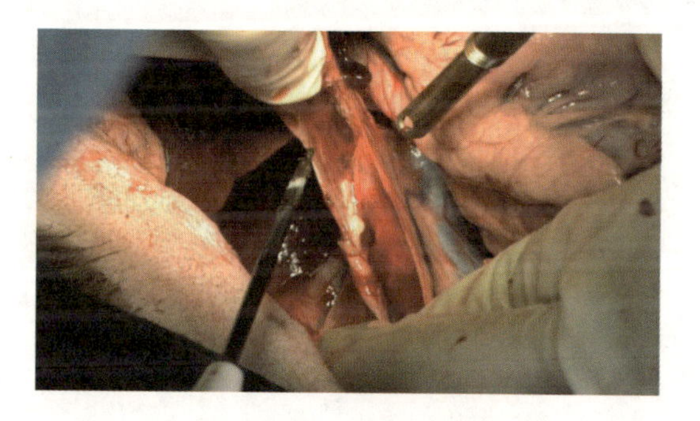

图 13－4　游离肾脏下极

（6）游离输尿管，根据手术需要向下游离输尿管，用 2 把弯钳钳夹切断输尿管并结扎，取出肾脏。操作步骤如图 13－5 所示。

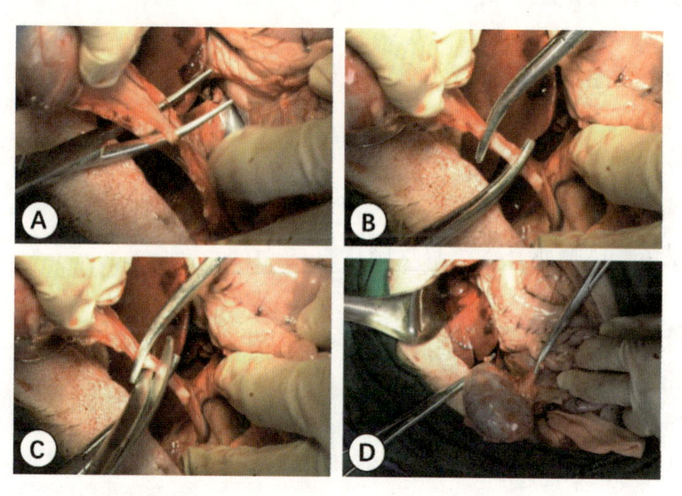

A：游离输尿管；B：钳夹输尿管；C：切断输尿管；D：取出肾脏。

图 13－5　游离输尿管并切断结扎，切除肾脏

（7）逐层缝合关闭腹腔。

第二节 输尿管切开术

一、目的与要求

（1）训练无菌操作技术。
（2）熟悉开腹手术常用器械及其使用方法。
（3）熟悉输尿管周围解剖结构。

二、临床适应证

临床适应证包括直径超过 2 cm 输尿管结石，或经体外震波碎石、输尿管镜治疗失败者。

三、器械

器械包括止血钳、手术刀、牵引器。

四、可能损伤的重要结构

可能损伤的重要结构包括肠管、盆腔脏器。

五、操作要点

操作要点包括辨认输尿管及结石梗阻位置。

六、操作步骤及方法

（1）取仰卧位，常规的消毒铺巾后在脐前、后方沿正中线行开腹术。
（2）将扩张器插入腹部切开扩大暴露手术视野，并将腹腔脏器用浸透生理盐水的纱布覆盖。
（3）将肠管从腹腔内取出，手术过程中，不断滴加等同于体温的生理盐水以便保持湿润状态，将降结肠和横结肠向右侧移动，暴露腹膜后方的左侧输尿管。

（4）确认结石造成的阻塞段，分离该段腹膜，暴露输尿管。

（5）在结石远端和近端用止血钳钳夹或缝线固定。

（6）在输尿管阻塞段的内、外侧分别设置牵引固定线使之保持张力。

（7）在结石上部横向切开输尿管，用止血钳取出结石，清洗输尿管管腔。

（8）用可吸收缝线缝合输尿管切口，去除牵引线，检查输尿管通畅性，将其回纳腹膜下，以连续缝合法关闭腹膜切口。

（9）逐层关闭腹腔。

第三节　膀胱切开和修补术

一、目的与要求

（1）训练无菌操作技术。

（2）熟悉开腹手术常用器械及其使用方法。

（3）掌握膀胱切开和修补的位置。

二、临床适应证

临床适应证包括巨大膀胱结石；膀胱或尿道损伤需要修补或行尿道会师术；下尿路梗阻需要处理前列腺增生或行膀胱造瘘术；膀胱切开取石术。

三、器械

器械包括止血钳、手术刀、牵引器、皮钳。

四、可能损伤的重要结构

可能损伤的重要结构为肠管。

五、操作要点

操作要点包括辨认膀胱和确定切开膀胱的位置。

六、操作步骤及方法

（1）取仰卧位，进行常规的消毒、铺巾。取耻骨上下做腹部正中切口。

（2）辨认膀胱，可用注射器尝试抽取尿液，看到尿液即确定目标脏器膀胱（图13－6）。

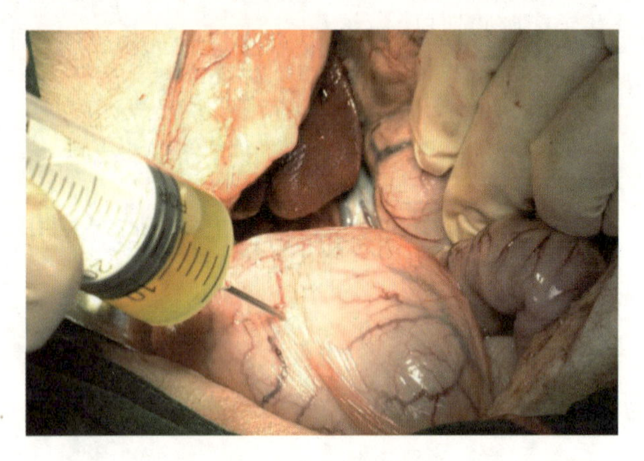

图13－6　膀胱穿刺

（3）膀胱的前壁血管较少，因此可从膀胱前壁切开。用皮钳（Allis钳）提起膀胱前壁，用手术刀或者电刀切开。切开后吸净尿液，通过牵拉膀胱暴露膀胱内结构，可以探查并处理膀胱内或前列腺病变。操作步骤如图13－7所示。

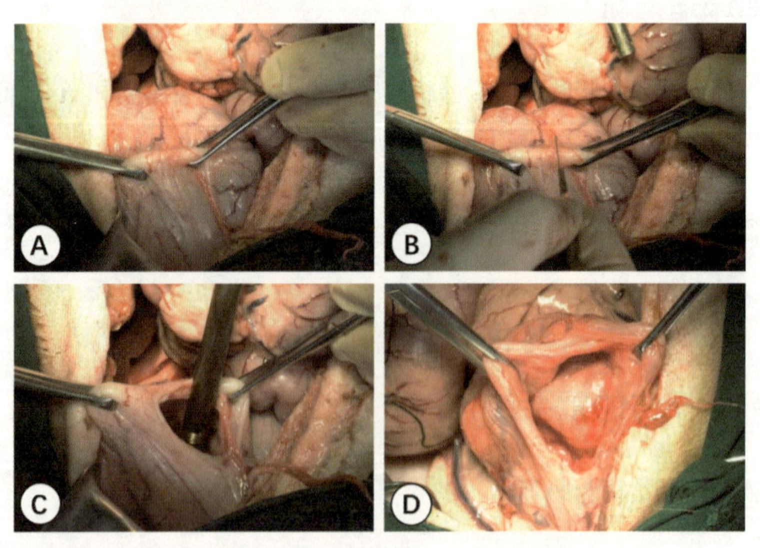

A：提起膀胱前壁；B：切开膀胱壁；C：吸净尿液；D：探查膀胱。

图13－7　膀胱切开术

（4）进行膀胱修补，一般采用双层缝合的方法。第一层利用可吸收缝线全层缝合，可以使用间断缝合或连续缝合（若无可吸收缝线，应行浆肌层缝合，避免缝线在膀胱腔内形成结石）；第二层进行浆肌层的内翻缝合以保证黏膜内翻。操作步骤如图 13－8 所示。

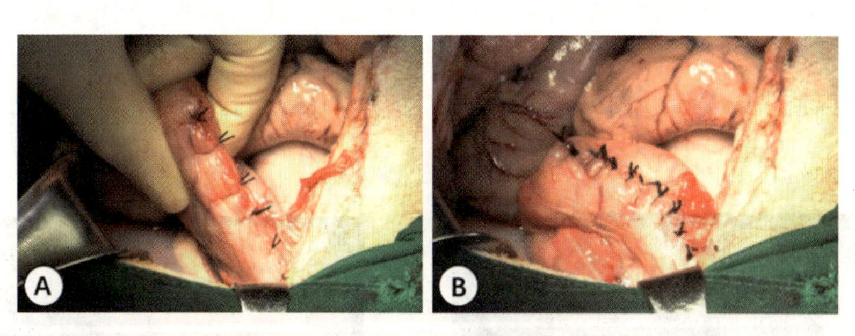

A：膀胱前壁全层缝合；B：浆肌层缝合加固切开膀胱壁。

图 13－8　膀胱修补术

（5）在完成缝合后，通过充盈膀胱进行测漏，可利用注射器往膀胱内注入等渗盐水（图 13－9），然后观察已修补之裂口有无漏液。如有漏液，需加针缝合，直至不漏液为止。

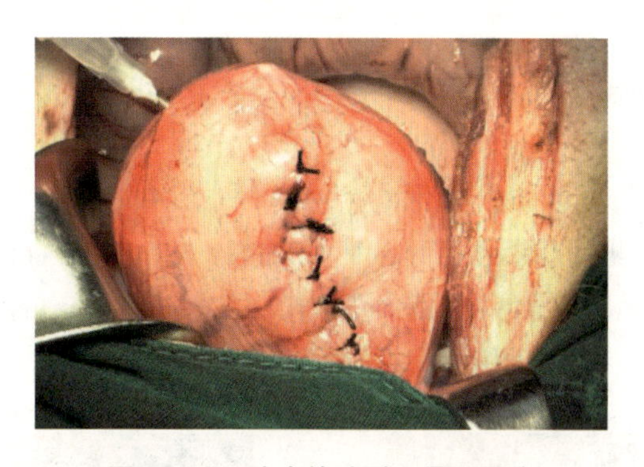

图 13－9　注水检验裂口是否漏液

附　临床拓展

泌尿外科相比其他外科最显著的优势是有效利用了人体天然腔道来发展并成功应用一系列的微创技术，如尿道镜、膀胱镜、输尿管镜、肾镜，以及腹腔镜、机器人辅助泌尿系手术等。现以腹腔镜肾上腺切除、腹腔镜肾部分切除为例简要介绍一下腹腔镜在泌尿系手术中的应用情况。

一、腹腔镜肾上腺切除术

腹腔镜肾上腺切除术（laparoscopic adrenalectomy）是公认的治疗肾上腺良性疾病的标准手术，可替代大部分开放手术。肾上腺皮质增生、皮质腺瘤、嗜铬细胞瘤的切除均可在腹腔镜下完成。需要注意的是，嗜铬细胞瘤对患者血压的影响较大，术前按常规要进行扩容，以使术中牵拉肿瘤时对血压的波动控制在安全范围内。手术过程如图 13－10、图 13－11 所示。

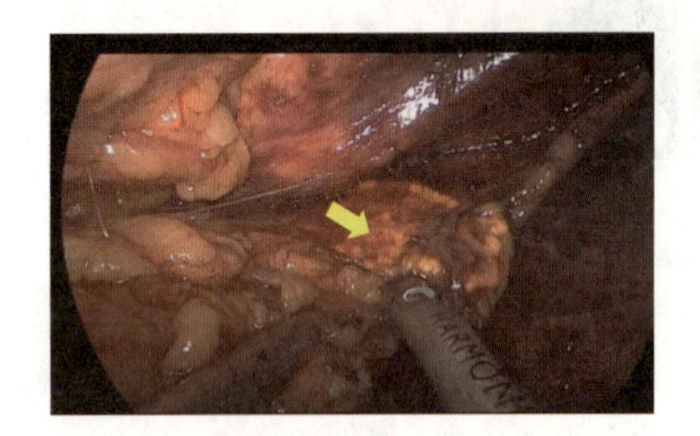

图中箭头所指处为肾上腺。

图 13－10　显露肾上腺

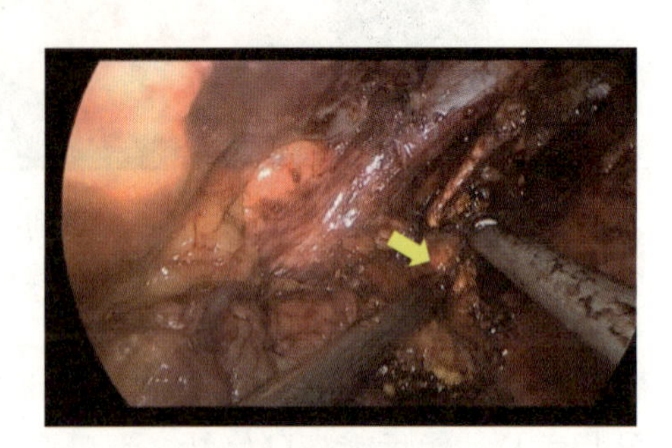

图中箭头所指处为肾上腺肿瘤。

图 13－11　切除肾上腺肿瘤

二、腹腔镜肾部分切除术

腹腔镜肾部分切除术，也称为保留肾单位手术（nephron sparing surgery，NSS）。NSS 的适应证主要为对侧肾功能正常，临床分期 T1a 期（肿瘤直径小于 4 cm），肿瘤位于肾脏周边，单发的无症状肾癌患者；肿瘤直径为 4～7 cm 的也可视具体情况选择 NSS。手术过程如图 13－12 至图 13－14 所示。

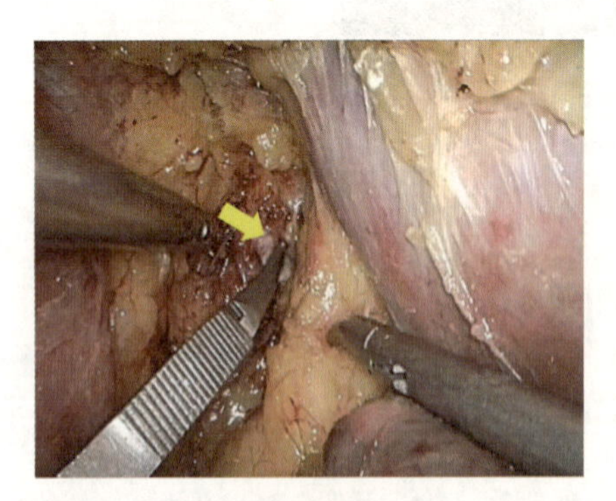

图中箭头所指处为肾动脉。

图 13－12　阻断肾动脉

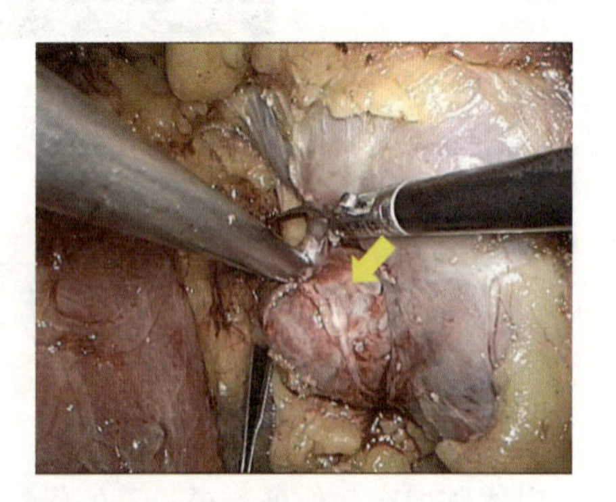

图中箭头所指处为肿瘤。

图 13－13　切除肿瘤

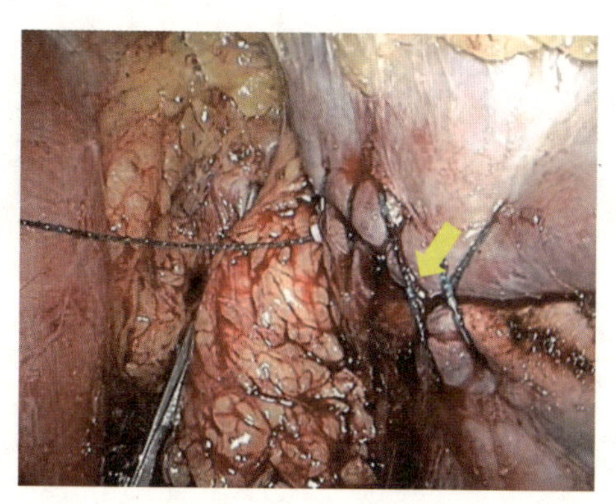

图中箭头所指处为创面。

图 13－14 缝合创面

注意事项：进行肾部分切除手术时，夹闭肾动脉的时间原则上不超过 30 min，以减少肾缺血时间，从而保留更多的有效肾单位。

（刘皓）

第十四章　骨科手术

股骨中段截骨及骨折切开复位内固定术

一、目的与要求

（1）训练无菌操作技术。

（2）熟悉创伤骨科常用器械及其使用方法。

（3）熟悉四肢长骨骨折暴露及内固定方法。

二、临床适应证

临床适应证包括不稳定骨折，多段骨折，并发神经血管损伤的骨折，手法复位未能达到功能解剖者，骨折端有软组织嵌入者，关节内骨折可能影响关节功能者。

三、临床禁忌证

临床禁忌证包括严重脏器功能不全不能耐受麻醉及手术者，严重凝血功能障碍者，局部皮肤软组织条件差、污染严重的开放性骨折，术区存在感染灶。

四、器械

器械包括卵圆钳，布巾钳，组织钳，手术刀、剪、镊，甲状腺拉钩，骨膜剥离器，点状复位钳，持骨器，单齿拉钩，直、弯蚊式血管钳，直、弯中号血管钳，缝针、丝线、纱布，电钻，克氏针、胫骨牵开器、髋臼拉钩，电摆锯。

五、可能损伤的重要结构

可能损伤的重要结构包括坐骨神经（位于股骨后方）、股动脉、股神经（位于股骨内侧）。

六、操作要点

操作要点包括外侧切口避开股神经及股动静脉，牵开股外侧肌，骨折端的清理，骨膜的保护，复位并临时固定，钢板螺钉的置入。

七、操作步骤及方法

（1）下腹部、臀部、全后肢、会阴部备皮，麻醉成功后取侧卧位。消毒范围：下腹部、臀部、会阴部及全后肢。除会阴部以碘伏消毒，其余皮肤以2%碘酊消毒2次，75%乙醇溶液脱碘3次。消毒完成后铺巾。

（2）于股骨前外侧股骨大转子至外侧髁之间切开皮肤、皮下脂肪层、阔筋膜，暴露肌肉层。找到肌间隙，向前牵拉股外侧肌、向后牵拉股二头肌以暴露股骨（图14－1）。摆锯斜行锯断股骨（图14－2），造成斜形骨折（不稳定骨折）。

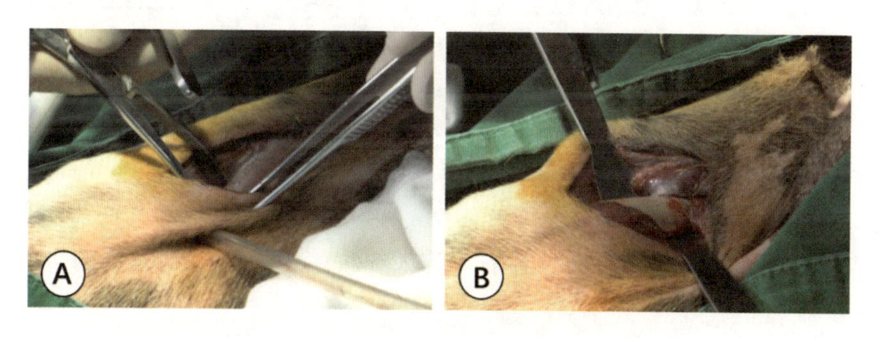

图14－1　暴露股骨

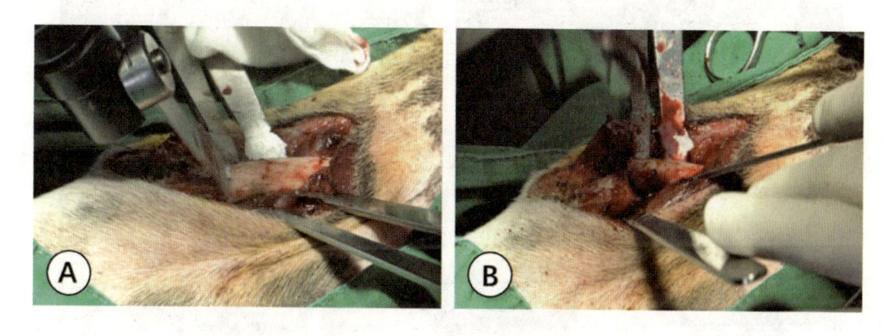

图14－2　锯断股骨中段

（3）牵引患肢，复位骨折端，以Allis钳钳夹骨折端达到临时固定（临床上常用持骨钳），垂直于骨折斜面钻孔，钻穿两层皮质，测深，攻丝，拧入拉力螺钉1枚，使不稳定骨折得到初步固定（图14－3）。临床上，此步骤并非必须操作，可根据实际情况选择是否进行。

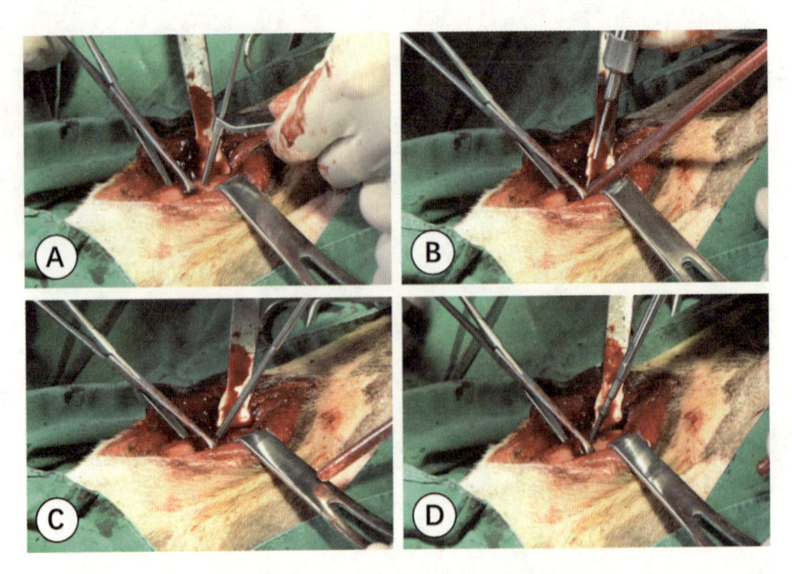

图 14－3　拉力螺钉初步固定

（4）操作步骤：①于股骨外侧置入接骨板，俗称钢板，以持骨钳把持钢板及股骨。②于骨折远、近端的螺钉孔以导向器引导方向，自外侧皮质向内侧皮质钻孔，须钻穿双层皮质。在钻穿第一层皮质后，操作者会有明显落空感，可把钻头向前顶，确认到达第二层皮质，继续钻。为避免损伤内侧血管，在钻第二层皮质时，操作者须特别注意，在即将钻穿第二层皮质时，钻的声音会发生改变，此时须注意把握力度，一有落空感就马上停止钻孔。③测定钉道深度，攻丝，拧入相应长度的螺钉。在临床应用上，钢板需要足够长，骨折近端、远端最少各需要拧入 3 枚螺钉方能达到充分的生物学稳定（图 14－4）。

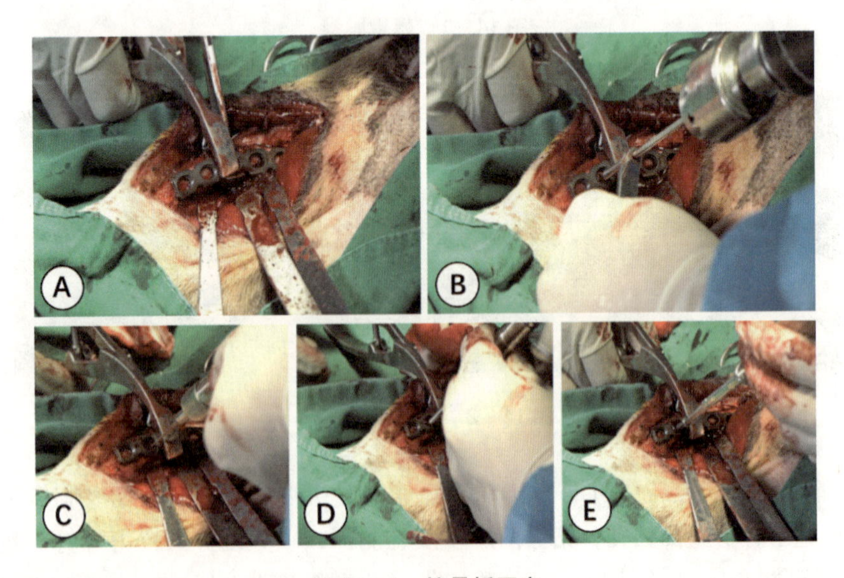

图 14－4　接骨板固定

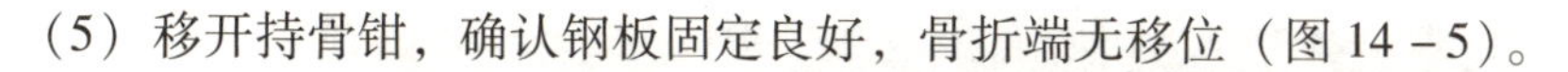

（5）移开持骨钳，确认钢板固定良好，骨折端无移位（图 14－5）。

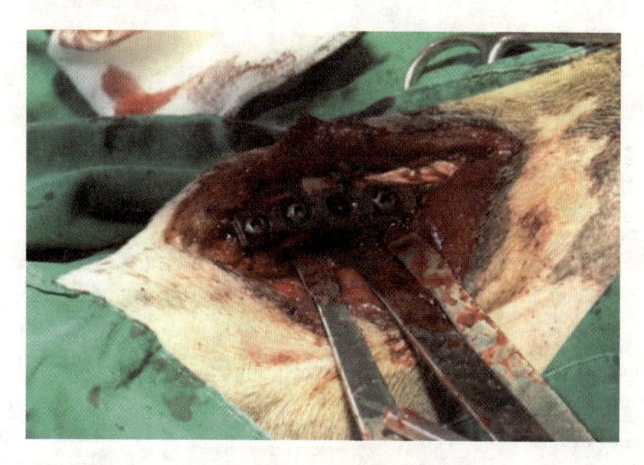

图 14－5　确认固定稳固

（6）冲洗术野，逐层缝合。

附　临床拓展

钢板螺钉固定是传统的骨折固定方式，属绝对稳定固定，疗效确切。但其不足也是显而易见的，手术切口长，创伤大，对骨的血运破坏较多，且在开放性、污染性的骨折固定中失败率很高。随着临床需求的多样化和医疗技术的进步，在很多骨折病例中，钢板螺钉已不是首选的、最佳的固定方式了。根据患者年龄、骨折部位、类型、软组织条件的不同，还有其他固定方法。常见的有外固定架固定和髓内钉内固定，它们均属于相对稳定固定。

一、外固定架固定

外固定架固定的优点：使用数枚专用螺钉拧入骨质，外加连接杆固定，无须切开复位或仅需要有限切开复位，手术创伤小，对骨膜血运破坏小，对软组织条件要求低，可随时调整骨折端位置，还可以用于延长肢体。外固定架的类型如图 14－6 所示。

外固定架固定适用于伤口污染的开放性骨折及伴有严重软组织损伤的骨折。

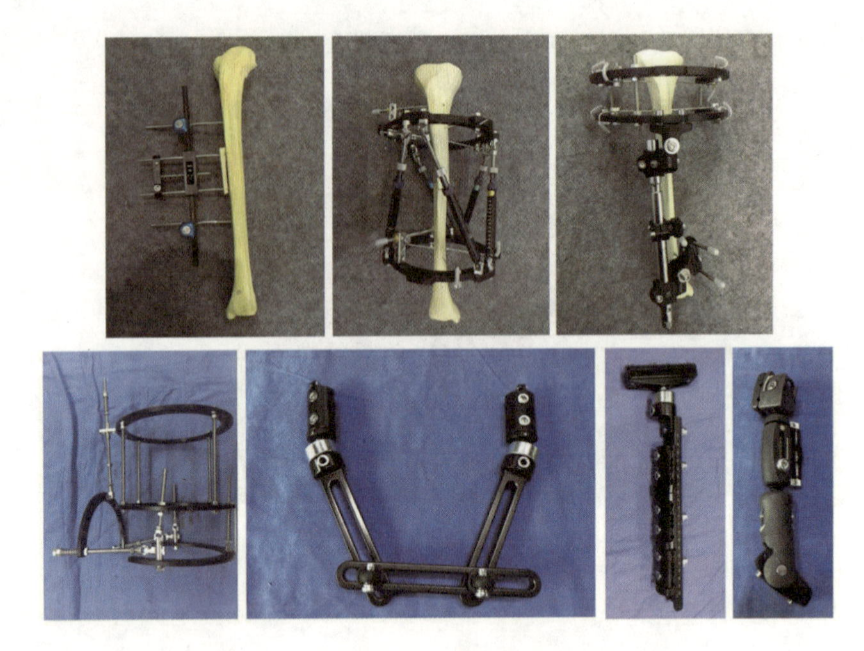

图 14－6　外固定架

注意事项：外固定架的螺钉并非随意钻入骨质，必须避开重要的神经、血管，根据神经、血管解剖结构的差异，在不同部位打钉的方向有所不同。

临床病例 1

阮××，男，63 岁，因“外伤致左小腿畸形伴骨外露 3 小时”入院，X 光检查提示左胫腓骨骨折，诊断为左胫腓骨开放性骨折（图 14－7），遂行清创并左胫骨外固定架固定、左腓骨克氏针固定（图 14－8）。

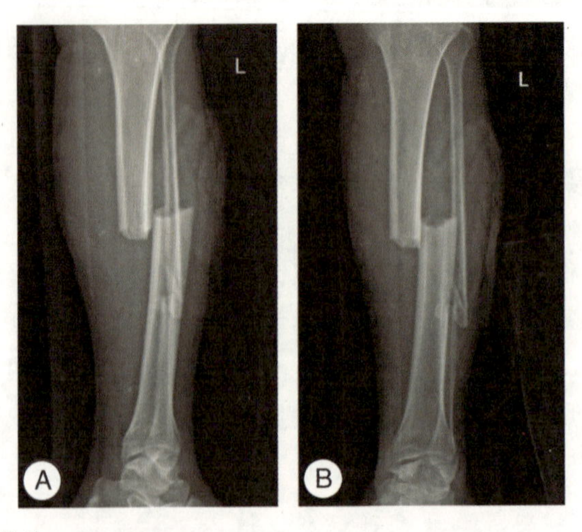

A：侧位片；B：正位片。

图 14－7　左胫腓骨骨折 X 光片

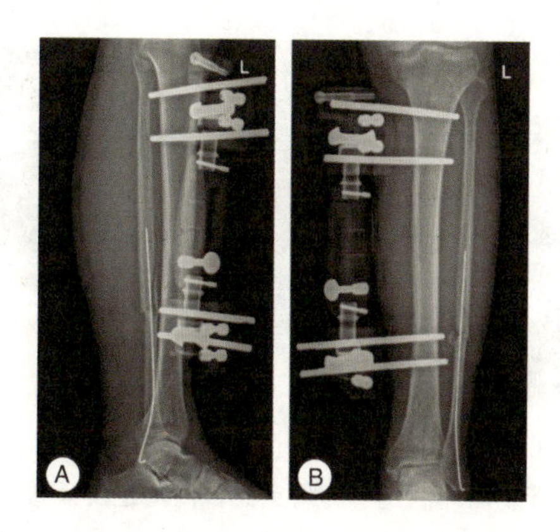

A：侧位片；B：正位片。

图 14－8　左胫骨外固定架固定、左腓骨克氏针固定术后 X 光片

临床病例 2

陈××，男，42 岁，因“车祸致左下肢多处疼痛、流血并畸形 3 小时”入院。查体：左小腿肿胀，下段畸形；左踝关节内侧及左足背侧、足底大片软组织挫裂伤，大量出血，局部污染严重，踝管内结构断裂，跟腱断裂，趾伸肌腱多发断裂（图 14－9）。X 光检查提示左胫腓骨下段骨折（图 14－10），遂行清创、胫骨骨折复位外固定、腓骨克氏针内固定、预防性骨筋膜室切开减压术（图 14－11）。

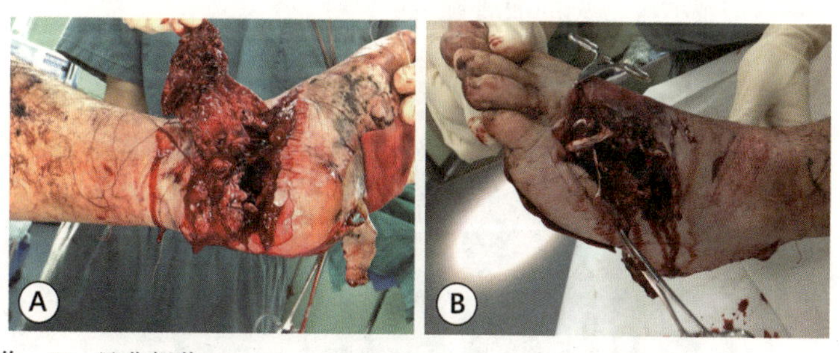

A：足跟损伤；B：足背损伤。

图 14－9　局部创面污染严重伴软组织缺损

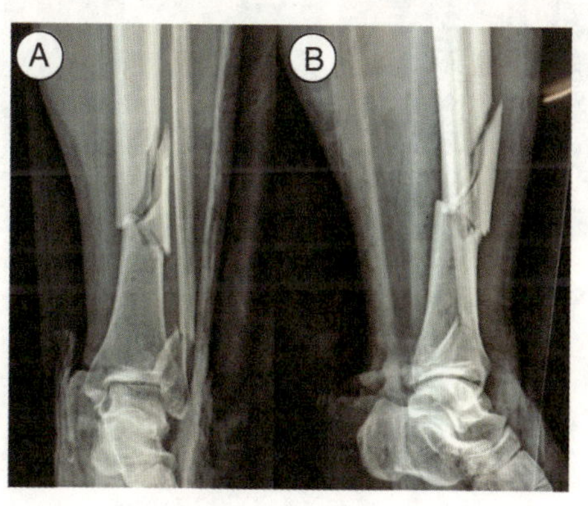

A：正位片；B：侧位片。

图 14－10　胫腓骨下段开放性骨折 X 光片

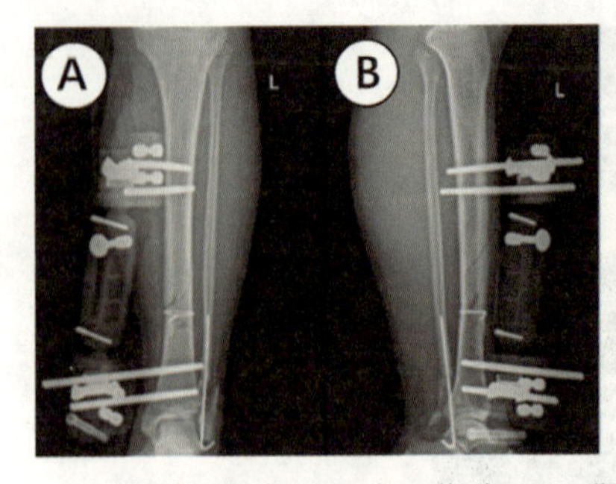

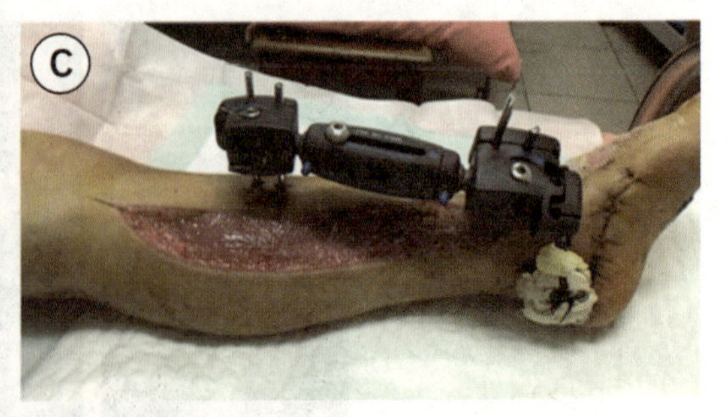

A：胫腓骨骨折术后 X 光正位片；B：胫腓骨骨折术后 X 光侧位片；C：预防性切开减压。

图 14－11　胫骨骨折复位外固定、腓骨克氏针内固定及预防性切开骨筋膜室减压

二、髓内钉固定

髓内钉固定的优点：无须切开复位或有限切开复位，手术创伤小，对骨膜血运破坏小，较钢板螺钉固定允许肢体更早负重。

髓内钉固定适用于长骨骨干闭合骨折，同一肢体多段骨折。

注意事项：髓内钉的进钉点并非随意选择，应该结合骨的解剖形态。例如，股骨下段存在生理性的前弓，我们在计划进钉位置时，就不能忽视它，以免固定失败甚至造成新的损伤。图 14－12 显示了常见的股骨髓内钉。

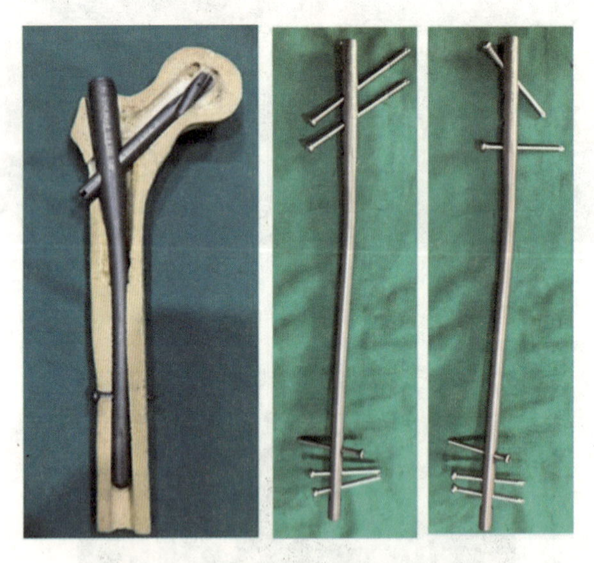

图 14－12　不同类型的股骨髓内钉

临床病例 3

康××，女，55 岁，因“跌倒致右大腿肿痛、畸形 4 小时”入院。查体：右大腿肿胀，中段畸形并反常活动，可扪及骨擦感。X 光检查提示右股骨中段骨折（图 14－13），遂行髓内钉固定术（图 14－14）。

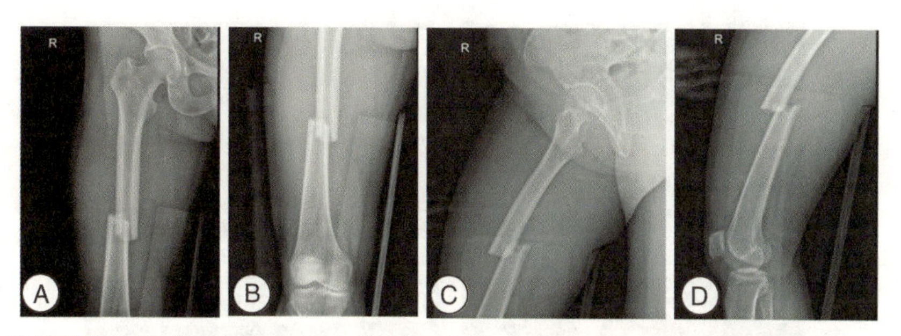

A：右股骨正位片（中上段）；B：右股骨正位片（中下段）；C：右股骨侧位片（中上段）；D：右股骨侧位片（中下段）。

图 14－13　右股骨中段骨折 X 光片

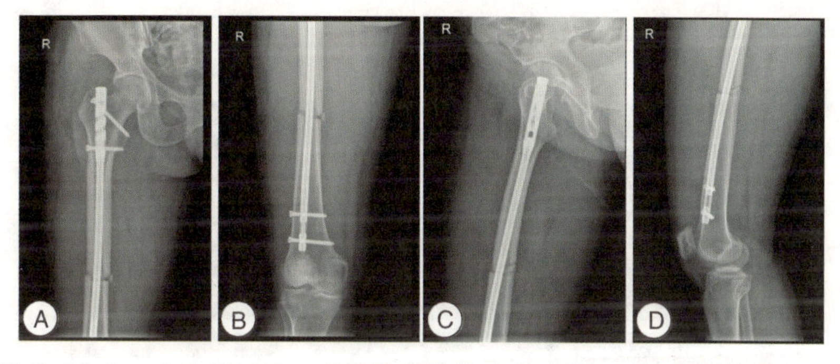

A：右股骨正位片（中上段）；B：右股骨正位片（中下段）；C：右股骨侧位片（中上段）；D：右股骨侧位片（中下段）。

图 14－14　右股骨中段骨折髓内钉固定后 X 光片

临床病例 4

陈××，男，45 岁，因“外伤后左大腿疼痛 2 年”入院，X 光检查提示左股骨上段陈旧性骨折并骨不愈合（图 14－15），遂行髓内钉固定并植骨术。手术过程如图 14－16 至图 14－20 所示。

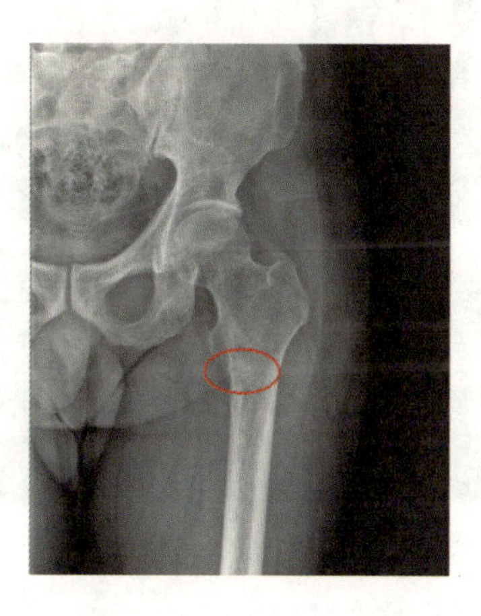

红圈内为骨折线。

图 14－15　术前 X 光片

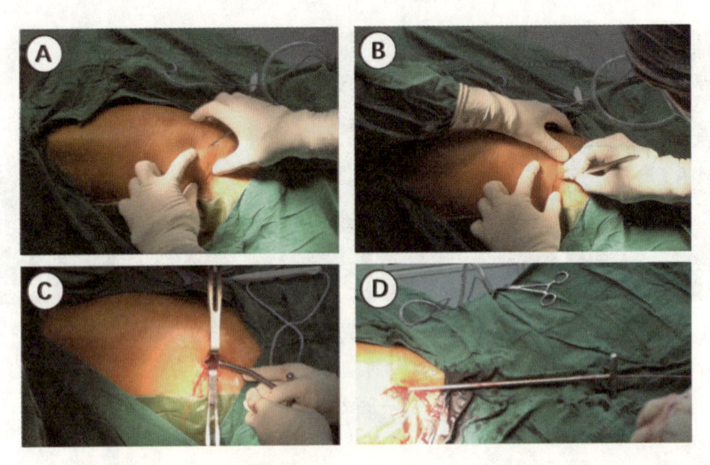

A：扪及大转子最尖端；B：于最尖端近端 2 cm 处切开；C：建立开路；D：向髓腔置入导针。

图 14－16　置入主钉导针

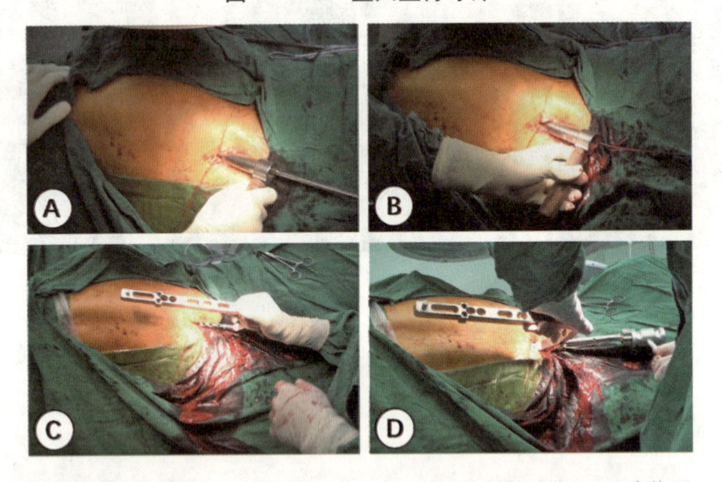

A：沿导针扩髓；B：扩髓完毕；C：沿导针置入主钉；D：敲击主钉至正确位置。

图 14－17　置入主钉

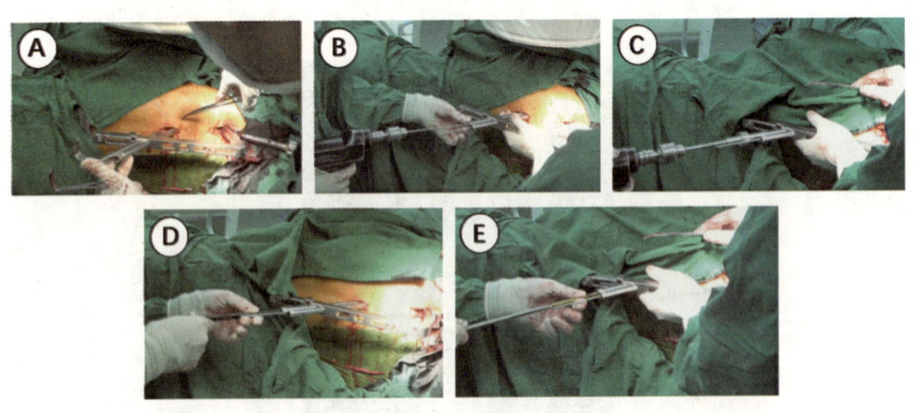

A：通过髓外定位器置入拉力螺钉通道；B：钻入拉力螺钉导针；C：沿导针扩髓；D：测量导针深度；E：沿导针拧入空心拉力螺钉。

图 14－18　置入近端拉力螺钉

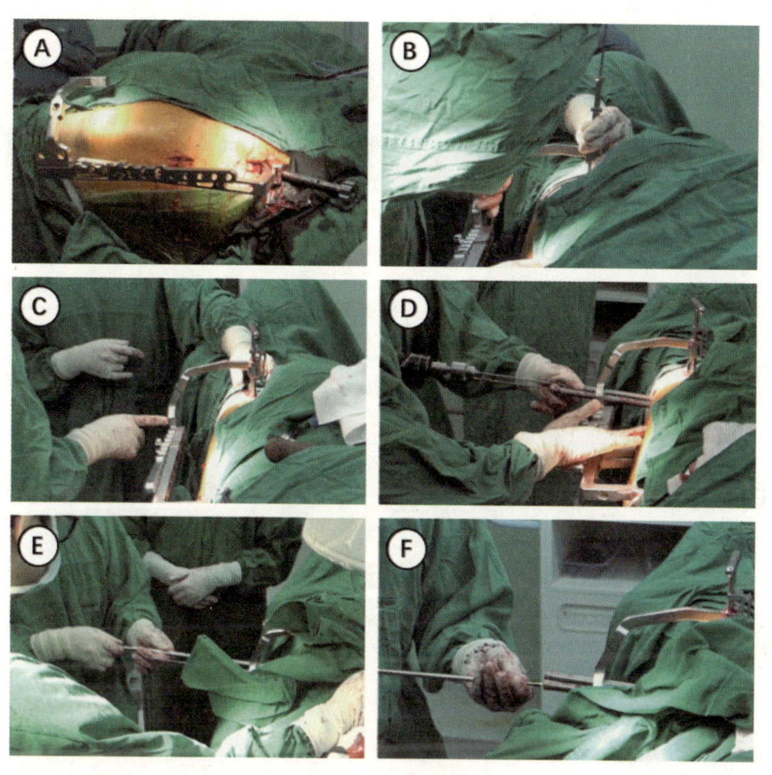

A：装配远端定位器；B：钻穿股骨远端前方皮质到达主钉；C：压主钉装置装配完毕；D：通过定位器钻出远端锁钉钉道；E：测量深度；F：拧入远端锁钉。

图 14－19　置入远端锁钉

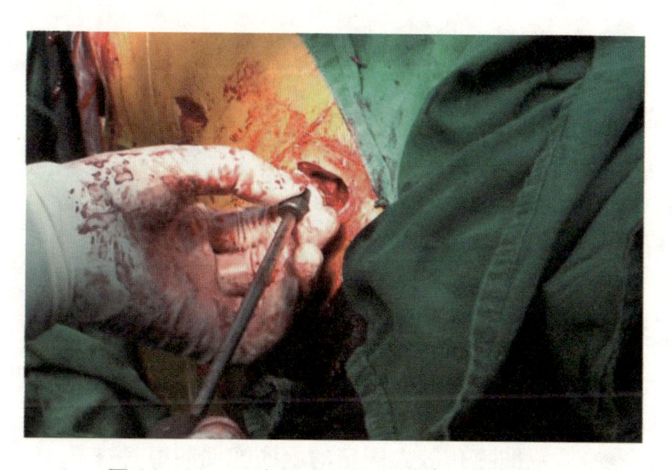

图 14－20　于主钉头端拧入尾帽，手术结束

（李登）

第十五章　神经外科手术

去骨瓣减压术及开颅、关颅技术

一、目的与要求

（1）训练无菌操作技术。
（2）熟悉去骨瓣减压术的方法。
（3）熟悉神经外科开颅、关颅流程。

二、临床适应证

去骨瓣减压术是用于急性颅脑创伤、内科治疗无效恶性颅内压增高患者的救命性手术。目前对去骨瓣减压术的临床适应证，尚无统一的标准进行规定。但多数专家建议可以参照以下标准：

（1）临床意识障碍进行性加重。
（2）CT 扫描显示颅内损伤占位效应明显。
（3）颅内压持续升高超过 30 mmHg。
（4）经脱水等保守治疗后无效。
（5）出现瞳孔散大的急性颅脑创伤患者。

三、临床禁忌证

临床禁忌证包括严重脏器功能不全而不能耐受麻醉及手术者，严重凝血功能障碍者，出现心跳呼吸骤停、双侧瞳孔散大固定的脑疝晚期的患者。

四、器械

器械包括布巾钳，手术刀、剪、镊，头皮拉钩，电刀、双极电凝、骨膜剥离器，手摇钻、线锯（如无，可采用磨钻及铣刀），咬骨钳、组织剪，单齿拉钩，缝针、丝线、纱布、骨蜡、脑棉片等。

五、关键结构

关键结构包括翼点、关键孔、颧弓、顶结节、脑膜中动脉、蝶骨嵴。

六、手术操作关键

制约手术效果的黄金三要素：

（1）尽量短的术前时间。颅脑损伤造成占位效应后，大脑经历了脑细胞缺血坏死、脑血管痉挛和大脑灌注不足、能量代谢衰竭等级联反应，脑功能不断恶化，早期及时进行去骨瓣减压术，可以阻断颅脑损伤的病理过程。

（2）足够大的骨瓣。颅腔容积的扩大能有效降低颅内压。

（3）足够低的骨窗。骨窗下缘尽量靠近中颅底，能有效解除侧方脑组织对脑干的压迫。

七、操作步骤及方法

（1）头部备皮，麻醉成功后取仰卧位，头偏向健侧约 30°，头圈垫高固定，暴露术侧额颞顶部，额颞顶部发际内“大问号”状弧形切口（图 15－1）。

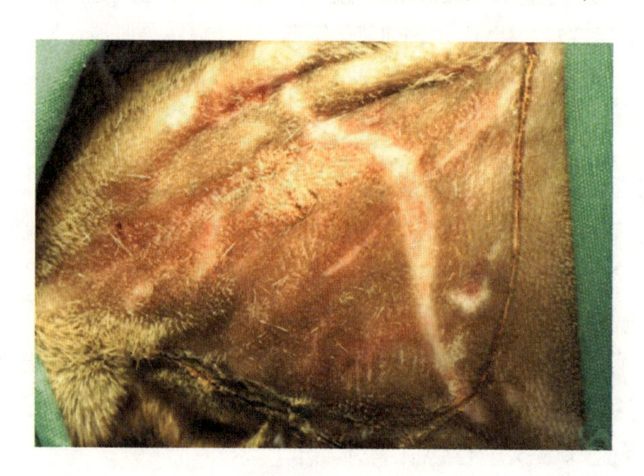

图 15－1　切口

（2）消毒：消毒范围为整个头部，注意底部与头圈接触部分头皮的消毒需要助手戴无菌手套后抬头消毒。以 2% 碘酊消毒 1 次，75% 乙醇溶液脱碘 3 次。铺巾，暴露术区。

（3）开颅：依次切开头皮、颞肌，分别形成头皮瓣及颞肌瓣向前翻转；电钻颅骨钻孔，经由骨孔导入线锯导板，线锯铣开骨窗（临床上，可用咬骨钳调整骨瓣大小，骨窗大小一般要求向下至颧弓水平，向后上至颞后及顶结节，向前至前额关键孔），骨窗边缘以骨蜡止血。操作步骤如图 15－2 所示。

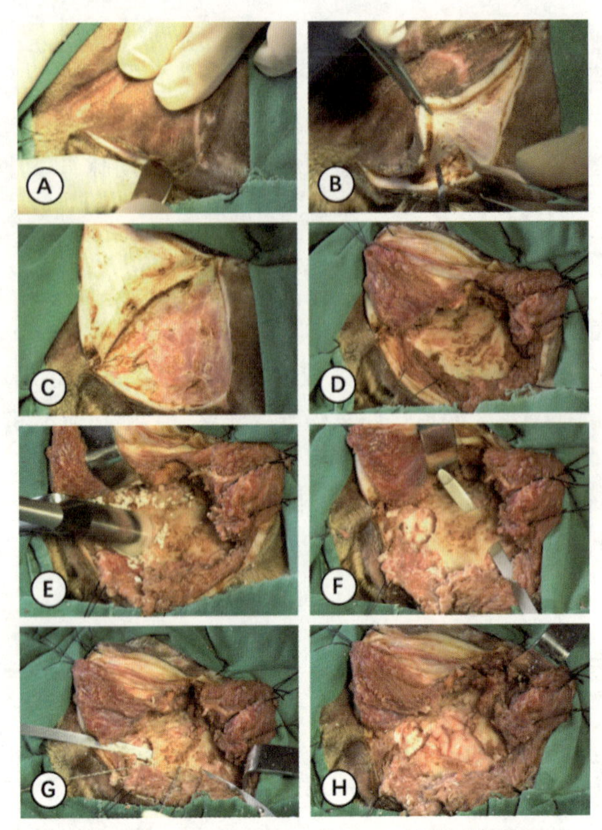

A：切开头皮；B：继续逐层切开；C：翻转头皮瓣；D：翻转颞肌瓣；E：电动磨钻开孔；F：放入线锯导板；G：铣开颅骨；H：暴露脑组织。

图15-2　开颅

（4）铣开骨瓣后钻孔悬吊硬脑膜，检查硬脑膜张力，观察其颜色、搏动等情况，若存在硬脑膜下发蓝、硬脑膜张力高、脑搏动微弱等表现，则提示脑肿胀明显；沿骨窗边缘剪开硬脑膜，检查颅内是否存在积血及血性脑脊液，若存在颅内积血，则进行血肿清除，并再次观察脑组织肿胀和搏动情况。

（5）关颅：术野用生理盐水冲洗，严密止血，确认无活动性出血后弃骨瓣，减张缝合硬脑膜，随后逐层缝合颞肌、皮下、头皮各层，于皮下留置潘氏管（另戳孔用于引流），以无菌敷料覆盖术区及进行包扎，术毕。

临床病例手术演示

患者，男性，59 岁。因“醉酒后跌倒出现意识障碍伴呕吐胃内容物 24 小时”入院。

专科查体：神志昏迷，GCS = E1V2M5 = 8 分，双侧瞳孔不等大，左侧 d = 2 mm，对光反射灵敏，右侧 d = 4.5 mm，对光反射迟钝。四肢肌力未查；左侧肌张力下降，右侧正常；左侧腱反射减弱，右侧正常；左侧病理征（－），右侧病理征（＋）。颈软，脑膜刺激征（－）。

影像学资料如图 15－3 所示。

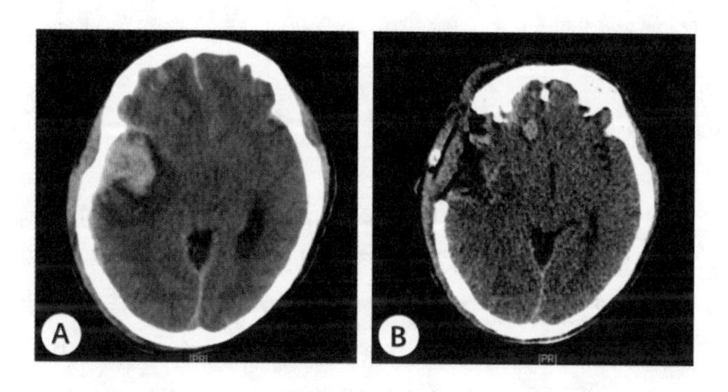

图 15－3　头部术前 CT（A）和术后 CT（B）

手术过程：

气管内插管全麻成功后，患者取平卧位，头向左侧偏转，头圈固定；暴露右侧额颞顶部，取右侧额颞顶发际内弧形切口，术野常规消毒、铺巾。

依次切开头皮、颞肌，分别形成头皮瓣及颞肌瓣向前翻转；以电钻在颅骨钻孔，以咬骨钳扩大形成骨瓣，咬骨钳扩大骨窗至颧弓水平，向后上至顶结节水平，向前至前额，骨窗前后径 8 cm、上下径 6 cm，以骨蜡止血，悬吊硬脑膜；见局部硬脑膜下发蓝，硬脑膜张力高，考虑脑肿胀明显，十字剪开硬脑膜见硬脑膜下血肿，清除硬脑膜下血肿20 mL，脑血管搏动较微弱，见脑肿胀稍缓解；清除颞叶和额叶的坏死脑组织及积血，以电灼及止血纱压迫止血，脑搏动较前明显；术野用大量生理盐水冲洗，确认无活动性出血；清点脑棉及手术器械，确认无误后，减张缝合硬脑膜并行人工硬脑膜修补、成形；弃骨瓣，缝合颞肌、皮下、头皮各层，皮下留置潘氏管引流（另做孔接负压引流袋）；再次清点手术器械，确认无误后，术毕。

附 临床拓展

去骨瓣减压术后颅骨修补

去骨瓣减压后会遗留颅骨缺损，顺利度过急性期后，脑组织张力下降，由于缺损区域形状改变，受大气压的影响，其内陷压迫脑组织。很多颅骨缺损患者常背负着较重的不安全感及思想负担，可引起头痛、头晕等颅骨缺损综合征，并且可能出现继发性脑损害。

颅骨缺损直径在 3 cm 以上且无肌肉覆盖者，当缺损部位压力不高，并无感染、溃疡等不利于切口愈合因素存在时，排除手术禁忌证后都应进行颅骨修补。一般认为，成年人在开颅术后 3～6 个月做修补手术为宜；儿童则在 3～5 岁后即可做成形手术。颅骨修补术能修正恢复原始外形，维持颅腔的密闭性，保持生理性颅内压稳定，保护脑组织，解决脑供血、脑脊液循环不足或障碍等反常性问题，而且减轻颅骨缺损综合征，避免继发性脑损害。

对于颅骨修补材料，首先要求良好的生物兼容性，同时需要兼顾足够的强度和刚度，保证既可提供足够坚硬的保护，也可满足术中塑形的需要。术者可以采取自体颅骨瓣进行颅骨修复，即在切取颅骨瓣后，埋置在患者皮下保存备用，但存在二次手术增加患者痛苦、颅骨吸收变小及颅骨坏死引起修补后松动等不足。随着修补材料的发展及进步，自体颅骨瓣逐步被人工修补材料所替代。但鉴于自体骨的兼容性及外形高匹配度，也希望将来随着自体骨保存技术的高速发展，自体骨瓣颅骨修复能得到更好的应用。

随着 CT 三维重建技术的数字化颅骨塑形技术的应用和修补材料制作工艺的精进，人工材料在颅骨修补术的应用变得便捷。CT 三维重建技术的数字化颅骨塑形技术无疑是颅骨修补术的革命性的进步。该项技术的核心在于，通过术前头颅 CT 影像的数字化处理、三维重建、自然曲面表面化绘制、计算机图形图像的辅助设计和颅骨材料数字化制造等多项程序，最大限度地模拟颅骨自然形态，根据患者术前的颅骨缺损状态，精准地设计及预制出个性化的人工材料头骨，经过规范消毒后，术者在手术中精确地将其应用到缺损处，实现有效的力学保护，提供良好的治疗效果，为患者尽早融入社会提供有力保障。

当下，结合经济实用程度，最常用的修复材料是钛网板。相比于其他金属，钛网硬度较高且重量较轻，是一种非腐蚀性金属，能抵抗身体分泌物且无毒，比较适合做颅骨修补材料；另外，其植入后感染率相对较低，手术难度和风险也会相应降低。但是，钛网也存在一定的缺点：①由计算机辅助塑型，覆盖于缺损区域上面，对头皮刺激较大，容易引起相关并发症；②边缘锋利易割伤皮肤，造成修补物外露；③受力易变形，不会自动还原；④弹性模量高于自体骨，受力时产生应力屏蔽，导致钛网周围产生骨吸收，从而造成钛网松动；⑤有导电导热性，易造成患者不适；⑥有磁性，成像有伪影；⑦电磁波经弧形钛网射到大脑，可能对大脑造成一定的损伤；⑧钛网在生物兼容性方面表现不佳，容易出现如切口愈合不佳、钛板外露等并发症。

近年来，一种新型高分子材料聚醚醚酮（poly ether ether ketone，PEEK）开始进入人们的视野，并被尝试应用于颅骨修补之中。一系列临床应用表明了 PEEK 材料的优点：具备更良好的生物兼容性，通过计算机辅助设计和制备，镶嵌于缺损区域，能精确修复颅骨缺损处；边缘光滑，表面光洁，能有效保护缺损部位；强度高、韧性足、受力不易变形；弹性模量和自体骨相当，受力时产生应力分散，不会造成边缘骨吸收；耐热和抗辐射，能提高患者舒适度；无磁性，成像无伪影；术后癫痫发生率，感染、植入物外露等并发症发生率和手术失败率均低于自体骨和钛网。

以下是两个分别使用了钛板和 PEEK 材料做颅骨修补的病例。

临床病例 1

陈××，男，26 岁，因“被殴打后左侧硬膜下血肿清除及去骨瓣减压术后 4 月”入院。查体：神志不清，不能对答，查体不合作。GCS：E3VTM4 = 7 分。留置气管插管，嗅觉未查，双侧视力、视野未查；双侧瞳孔不等大等圆，左侧瞳孔直径 6 mm，右侧瞳孔直径 3 mm，左侧对光反射欠佳，右侧对光反射灵敏。双侧额纹对称、鼻唇、嘴角无明显偏歪。构音吞咽检查不配合，双侧软腭上抬可，咽反射存在。舌肌无震颤萎缩。肌力、感觉检查不配合，四肢肌张力增高。四肢腱反射亢进。双手轮替试验、指鼻试验、双侧跟膝胫试验、闭目难立征未查。双侧巴氏征可疑阳性。颈软，克氏征及布氏征阴性。入院后行左侧额颞顶颅骨修补术，术前头颅 CT 平扫 + 三维重建、计算机拟合及术后 CT 等资料如图 15 – 4 至图 15 – 6 所示。

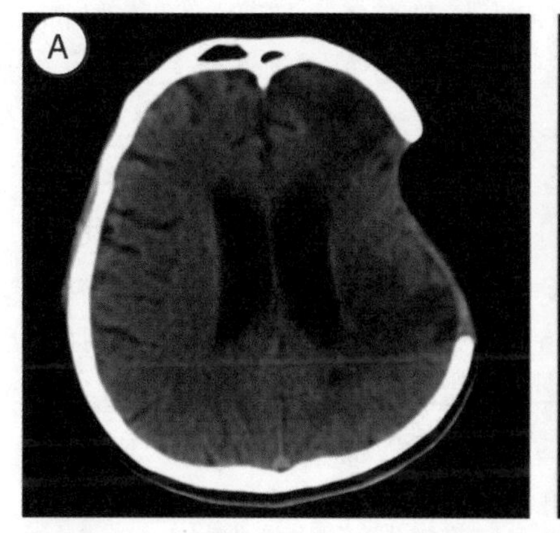

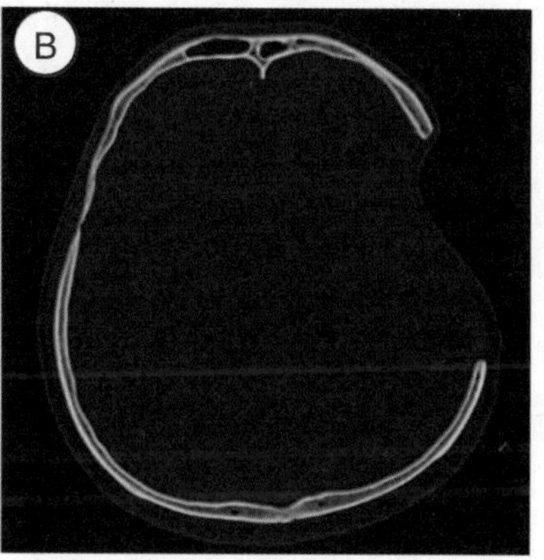

A：脑组织窗；B：骨窗。

图 15 – 4　术前头颅 CT 平扫

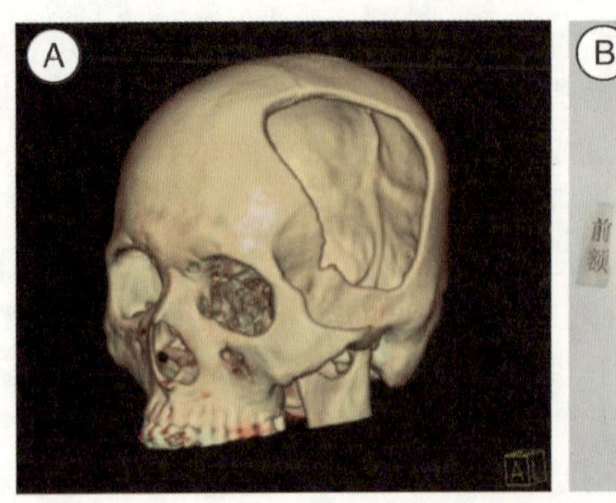
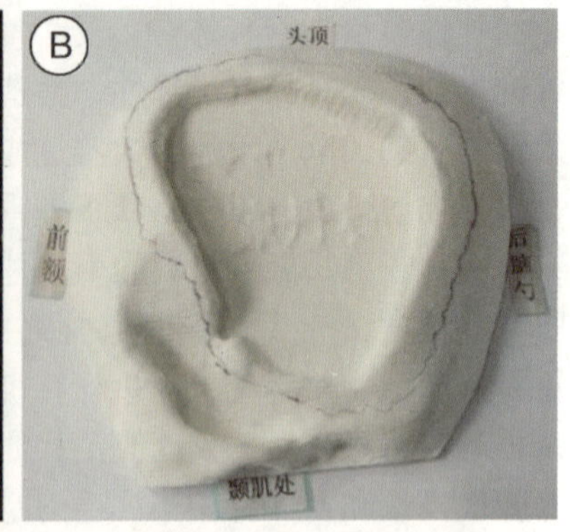

图 15－5　术前头颅 CT 三维重建（A）及计算机造模（B）

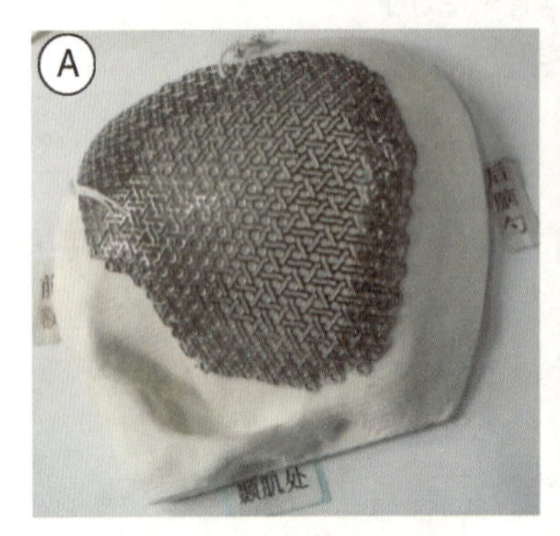

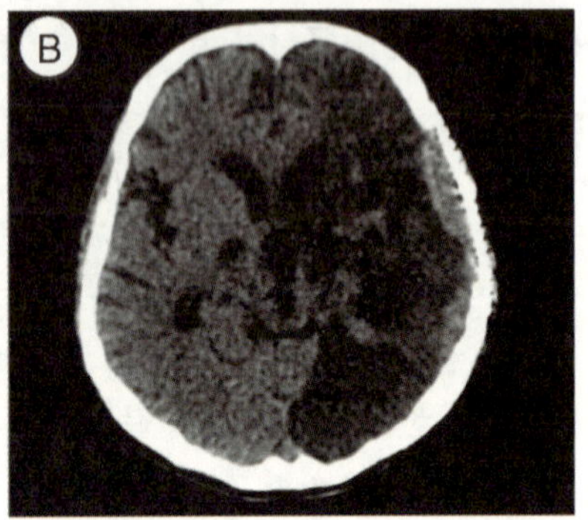

图 15－6　钛网建模拟合（A）及术后头颅 CT 平扫复查（B）

临床病例 2

李×，男，57 岁，因“右侧额颞顶急性脑梗死去骨瓣减压术后 4 月余”入院。查体：神志清楚，对答切题，查体欠合作。GCS：E4V5M6＝15 分。认知、情感、意志、行为正常。记忆力、计算力、理解力、判断力、定向力正常。嗅觉未查，双侧视力视野粗测正常；双侧瞳孔等大等圆，直径 3 mm，直接、间接对光反射灵敏，双眼各向运动正常，双侧睑裂无明显缩小；双侧面部浅感觉正常对称，双侧咀嚼肌咀嚼有力对称，张口无偏斜；双侧额纹、鼻唇沟正常对称，闭眼、皱眉、露齿正常对称，鼓腮不能完成；双侧听力粗测正常；伸舌不配合，悬雍垂居中，双侧软腭上抬有力对称，双侧咽反射正常；双侧转颈、耸肩有力对称。右侧肌力 5 级，右侧肌张力正常；左侧肌力 0～1 级，左侧肌张力下降。右侧腱反射正常，左侧腱反射减弱。快速轮替试验、指鼻试验、跟膝胫试验、闭目难立征不能完成。右侧感觉正常，左侧肢体感觉稍差。双侧巴氏征阴性。颈软，克氏征及布氏征阴性。入院后行右侧额颞顶颅骨修补术，术前头颅 CT 平扫＋三维重建、计算机拟合及术中情况等资料如图 15－7 至图 15－9 所示。

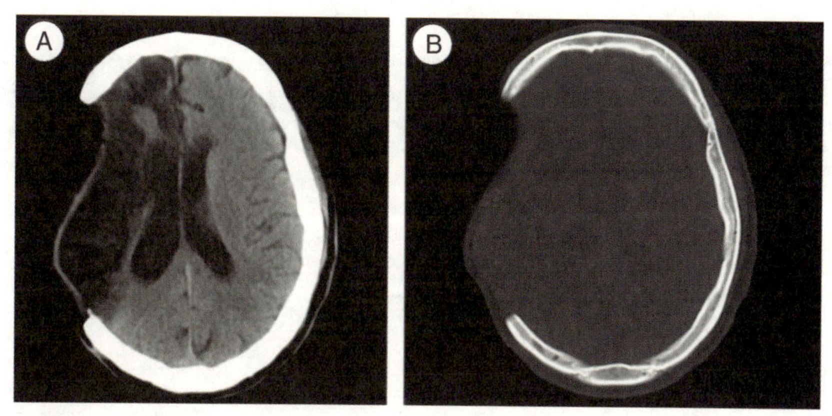

A：脑组织窗；B：骨窗。

图 15－7　术前头颅 CT 平扫

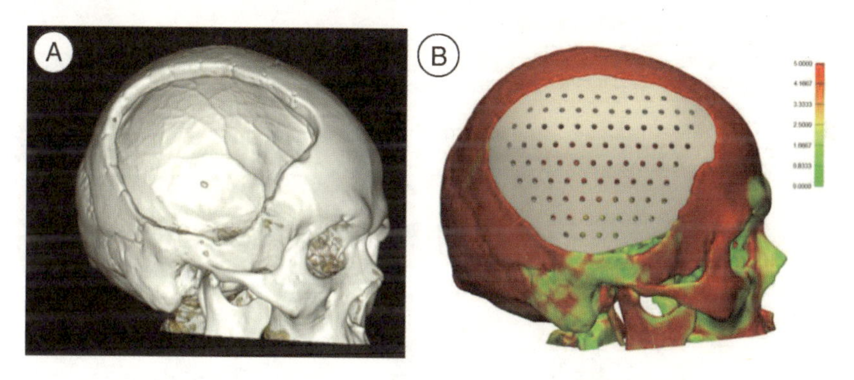

图 15－8　术前头颅 CT 三维重建（A）及计算机造模（B）

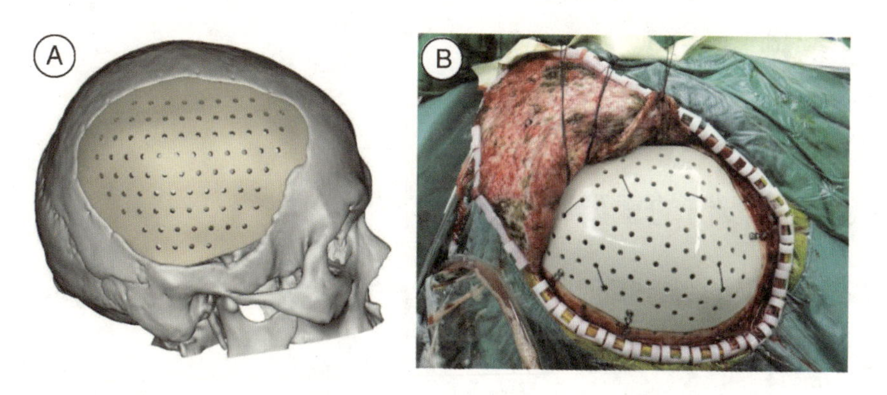

图 15－9　PEEK 材料建模拟合（A）及术中应用 PEEK 材料修补颅骨（B）

（翁胤伦）

第十六章　胸外科手术

第一节　伴随肋骨切除的开胸手术

一、目的与要求

（1）训练无菌操作技术。
（2）熟悉开胸手术常用器械及其使用方法。

二、临床适应证

临床适应证包括需要扩大术野的胸腹手术、自体骨移植时采取骨组织。

三、临床禁忌证

临床禁忌证包括严重脏器功能不全不能耐受麻醉及手术者、严重凝血功能障碍者等。

四、器械

器械包括骨剪或锯，骨膜剥离器。

五、可能损伤的重要结构

可能损伤的重要结构包括肋间神经和血管。

六、操作要点

操作要点包括肋骨上胸廓肌的分离、骨膜的剥离，结扎最后一道缝线时最大限度膨胀肺脏以预防肺不张及气胸。

七、操作步骤及方法

（1）在全身麻醉下，行气管插管。

（2）在第5、第6或第7肋间切开皮肤（左侧或者右侧），从肋骨颈的上部开始，经由肋骨体切至肋软骨的结合部（切口大小根据病变范围及手术需要而定），如图16-1所示。

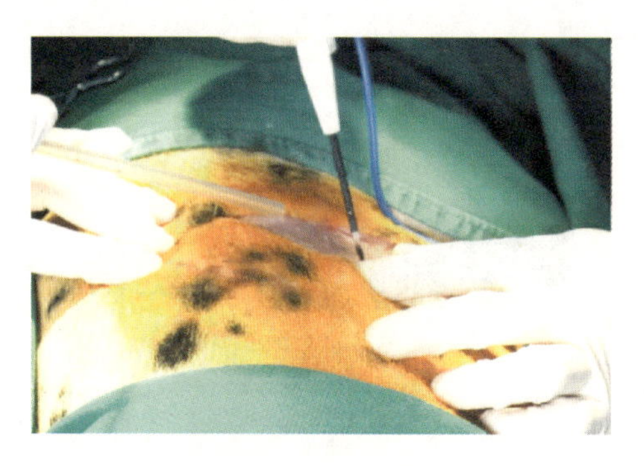

图16-1　开胸

（3）分离躯干皮肌及皮下组织之后，用刀刃穿刺切开背阔肌，并在其背侧及腹侧方向扩展切口；将位于肋骨上部的锯肌等的胸廓肌从肋骨上分离下来，暴露肋骨；装上2根扩张器，分离预定切断肋骨周围的肌肉群；在肋骨的中央部位用刀刃沿长轴方向切开骨膜，用刀将骨膜从骨面剥离；用骨膜剥离器将骨膜从肋骨的全周上剥离下来；在保护骨膜的同时，用骨剪或骨锯在肋骨背侧和腹侧切断（图16-2）。

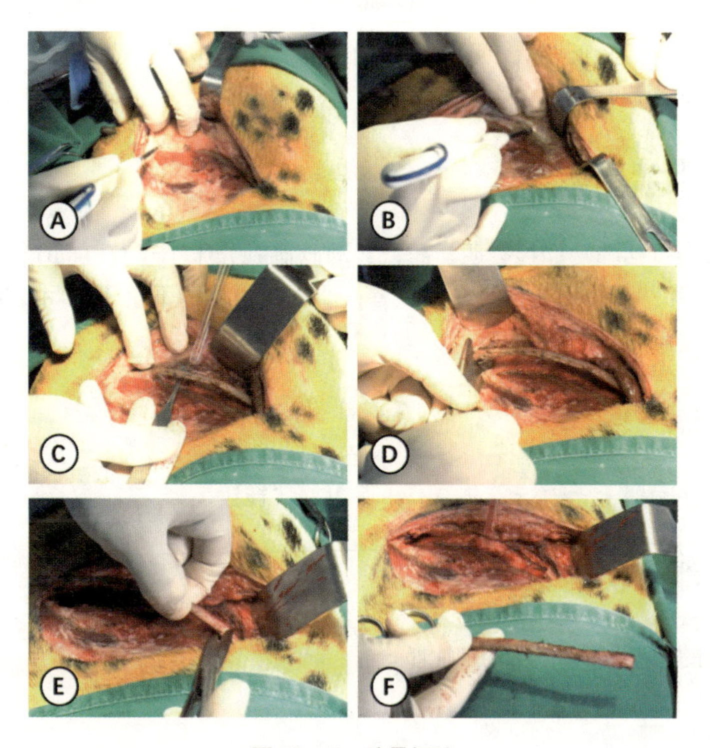

图16-2　肋骨切除

（4）用细的非损伤性缝合针和0号可吸收缝线，从肋骨和胸膜的结合部单纯间断缝合胸壁。

(5) 在结扎最后一道缝线时，最大限度膨胀肺脏，以预防无气肺。

(6) 将邻近的肋骨捆绑缝合以缓解骨膜、胸膜缝合部的紧张状态，注意避免损伤肋间神经和血管。

(7) 依次缝合肌肉和皮肤。

第二节 肺叶切除术

一、目的与要求

(1) 训练无菌操作技术。

(2) 熟悉开胸手术常用器械及其使用方法。

(3) 了解肺部的解剖结构。

二、临床适应证

临床适应证包括经长期治疗不能痊愈的肺部病灶、慢性肺脓肿、支气管扩张、肺部良性肿瘤、原发性肺癌。

三、临床禁忌证

临床禁忌证包括肺功能检查明显减低，动脉血氧分压小于60 mmHg，二氧化碳分压大于60 mmHg者；心肺功能Ⅲ级或Ⅳ级者；严重脏器功能不全不能耐受麻醉及手术者；严重凝血功能障碍者等。

四、器械

器械包括开胸器、无齿镊、剪刀、止血钳、持针钳。

五、可能损伤的重要结构

可能损伤的重要结构主要为肺血管。

六、操作要点

操作要点包括分离结扎肺血管，闭合支气管。

七、操作步骤及方法

（1）行全身麻醉，进行气管插管，实施正压通气控制呼吸。

（2）根据切除肺叶的位置采用肋间切开或胸骨正中切开的方法打开手术通路。

A. 前叶：右侧或左侧第 4 或第 5 肋间。

B. 中叶、副叶、后叶：右侧第 6 或第 7 肋间。

C. 左侧后叶：左侧第 6 或第 7 肋间。

（3）为了打开切除肺叶的手术通路，进行肋间切开术之后使用开胸器来扩大切口；将要切除的肺叶用浸透生理盐水的纱布小心包裹并移至开胸创口处，此时，对肺叶和胸膜间的粘连进行钝性分离；在肺分叶部分，确认与支气管伴行的肺静脉和肺动脉的走向。

（4）用无齿镊或剪刀将各个血管从胸膜等周围组织及支气管上钝性分离；将有波动的肺动脉在切除肺叶的区域进行三重结扎，在二重和三重结扎之间切断血管（图 16－3）；将肺叶向尾侧移动后可以打开肺静脉的手术通路；用同样的方法分离肺静脉和肺动脉。

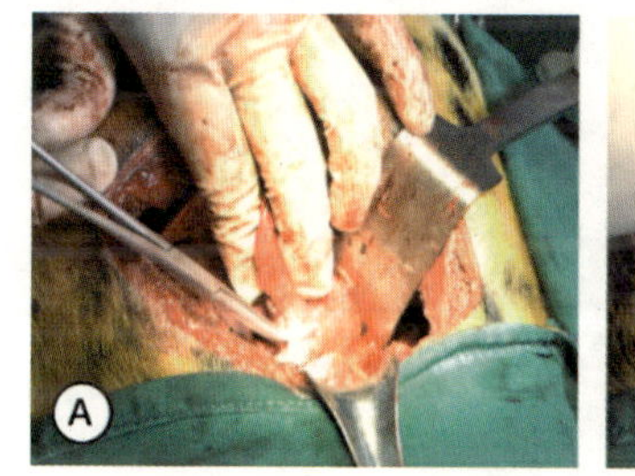

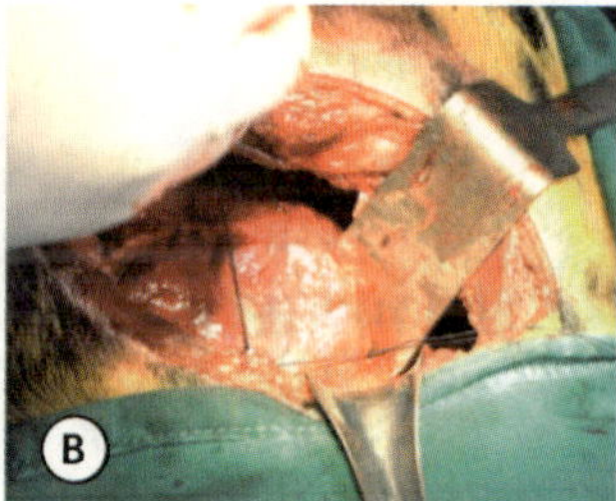

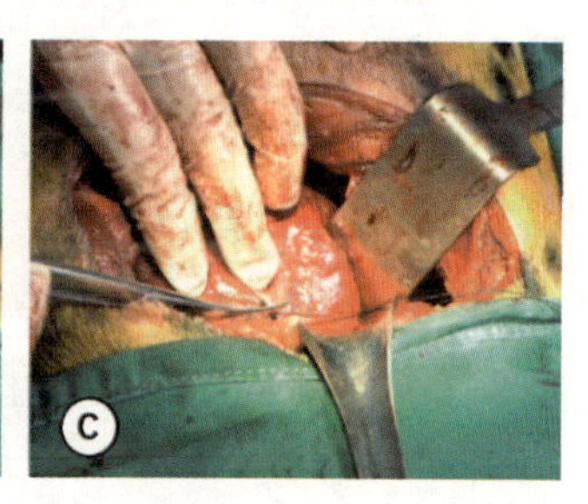

图 16－3　结扎肺血管

（5）对于支气管，在肺叶切除区域用足够大的无齿弯止血钳间隔 1～2 cm 做两处钳夹。

（6）在固定支气管的止血钳附近用手术刀切断支气管，去除肺叶（图 16－4）。关于支气管断端的处置，可以在留钳的附近用非可吸收缝线行水平褥式内翻缝合。用这种方法缝合可使支气管腔完全扁平闭合。

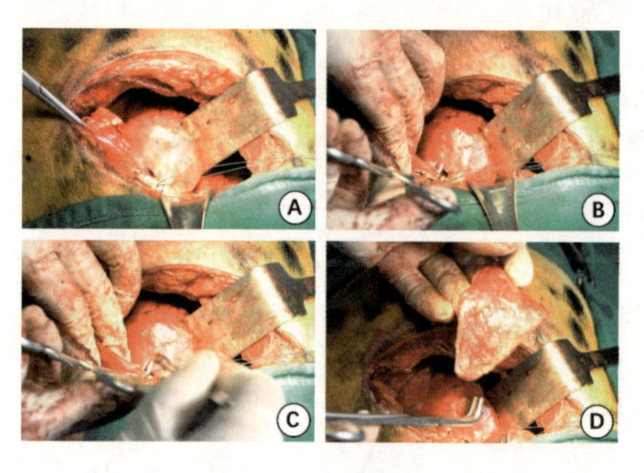

图 16－4　切除肺叶

（7）对于在留钳的附近用水平褥式内翻缝合没能扁平闭合的支气管，可在最初缝合的远位用手术刀切断；切断端用非可吸收缝线行单纯连续缝合，闭合支气管。

（8）可通过在胸腔内注满加温的生理盐水使肺部膨胀来检查有无漏气，如有漏气部位，可用单纯或十字交叉结节缝合的方法进行闭合；抽出生理盐水后，依次闭合胸壁。

（9）胸腔放置引流装置。

注意事项：须仔细检查支气管断端闭合部的密闭性，若数日后如有气胸复发，应再次实施开胸手术闭合支气管。

第三节 胸部食管切开术

一、目的与要求

（1）训练无菌操作技术。

（2）熟悉开胸手术常用器械及其使用方法。

（3）了解肺部的解剖结构。

二、临床适应证

临床适应证包括内窥镜下不能取出异物或者有即将进入胃内且不能取出的胸部食管异物，食管扩张、坏死或狭窄。

三、临床禁忌证

临床禁忌证包括肺功能较差无法耐受手术者，心肺功能Ⅲ级或Ⅳ级者，严重脏器功能不全不能耐受麻醉及手术者，严重凝血功能障碍者等。

四、器械

器械包括开胸器、无齿镊、剪刀、止血钳、持针钳。

五、可能损伤的重要结构

可能损伤的重要结构包括肺组织及支气管、迷走神经、胸导管、心包、心脏及大血管。

六、操作要点

操作要点包括提吊、保护迷走神经。

七、操作步骤及方法

（1）取右侧卧位或左侧卧位，全身麻醉，进行气管插管，实施正压换气控制呼吸。

（2）在第7至第10肋间行肋间切开手术。

（3）插入开胸器；将胃管插入食管直至异物阻塞处清除食管内唾液及食物；将肺膈叶向头侧移动，将浸透生理盐水的纱布包裹覆盖；钝性分离在食管背侧及腹侧的迷走神经，为避免术中损伤这些神经，小心地用胶带提起神经从手术部位移开，用2条塑胶带绑在食管切开部位的两侧，以防食管内残留液体及异物污染术野。

（4）食管切开的方法：在异物的上部，分层沿长轴切开，去除食管异物；切除食管阻塞部位的坏死组织；为避免术后食管狭窄或裂开，切除范围应尽可能小。

（5）闭合胸壁前彻底清创。

（6）用单纯结节缝合法仔细缝合切开食管的黏膜层，并使线结位于切口内侧。

（7）继续对各层用3－0的可吸收缝线单纯结节缝合。

（8）检查食管缝合部分缝合密实后，去除纱布、胶带等，逐层闭合胸腔，留置胸腔引流管。

现代胸腔镜的临床应用

（一）VATS的形成及发展

1990年，Lewis等采用视频图像系统，在电视胸腔镜辅助小切口的方式下完成了胸内疾病的诊治，使胸腔镜技术进入一个新的阶段——电视胸腔镜外科手术（video-assisted thoracic surgery，VATS），胸腔镜的治疗理念开始转变。由于VATS具备的各种优势，其作为一项微创外科技术，已广泛应用于胸外科各种手术（图16－5）。随着腔镜技术的进步，目前运用VATS已能进行肺叶、全肺、食管及纵隔肿瘤切除等复杂的手术操作。图16－6至图16－8展示了胸腔镜下肺叶切除手术的过程。

（二）单孔胸腔镜的形成及发展

近年来，腔镜外科逐渐由微创向无创发展。Kalloo 等首先报道经自然腔道内镜手术（natural orifice translumenal endoscopic surgery，NOTES）是最具代表性的无创技术，这使常规腔镜手术基础上减少手术切口的技术成为一个向无创过渡的技术。单孔胸腔镜的出现，不仅减少了术后疼痛和穿刺孔并发症的发生率，而且术后切口更美观。但由于单孔胸腔镜手术操作难度大，目前其仅用于一些简单的胸科手术，如自发性气胸、胸腔积液、胸膜肺活检、肺楔形切除术、手汗症等，而较为复杂的胸部手术是其相对禁忌证（图 16－5 至图 16－8）。随着技术的发展，亦有术者使用单孔胸腔镜进行肺癌切除手术，但该技术尚不成熟。

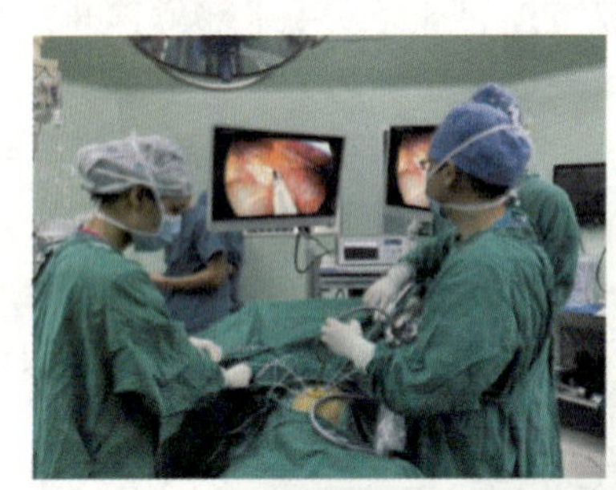
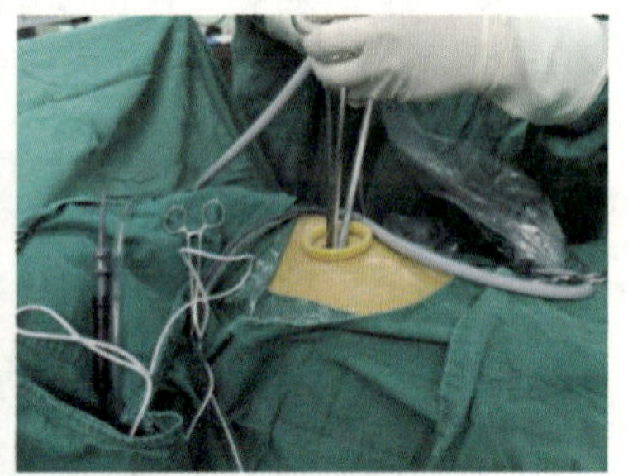
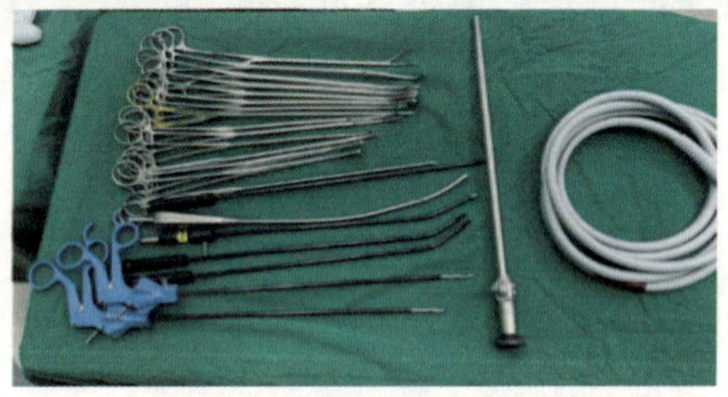

图 16－5　胸腔镜手术及手术器械

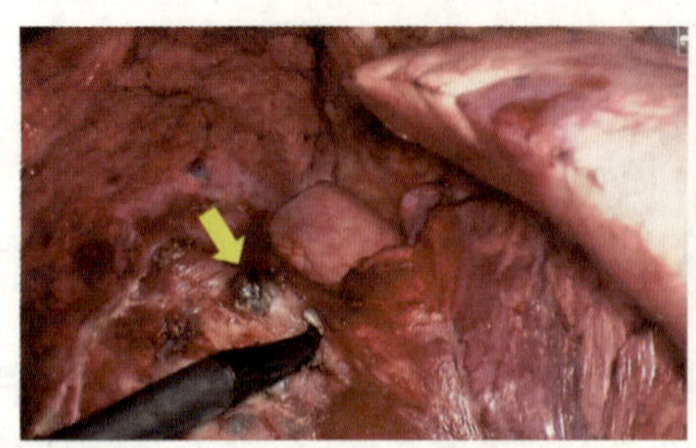
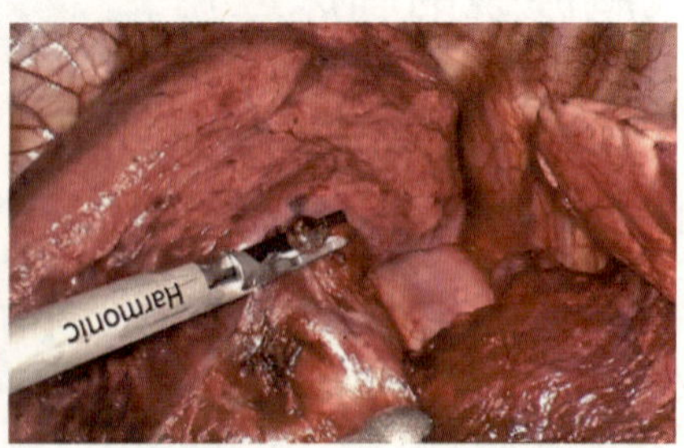

图中箭头所指处为淋巴结。

图 16－6　暴露并切除淋巴结

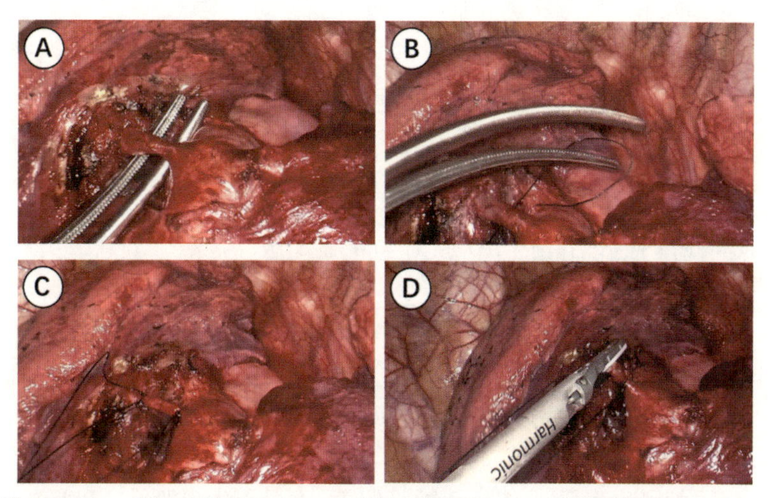

A：分离肺动脉；B：绕肺动脉穿线；C：结扎肺动脉两端；D：切断肺动脉。

图 16－7　处理肺动脉

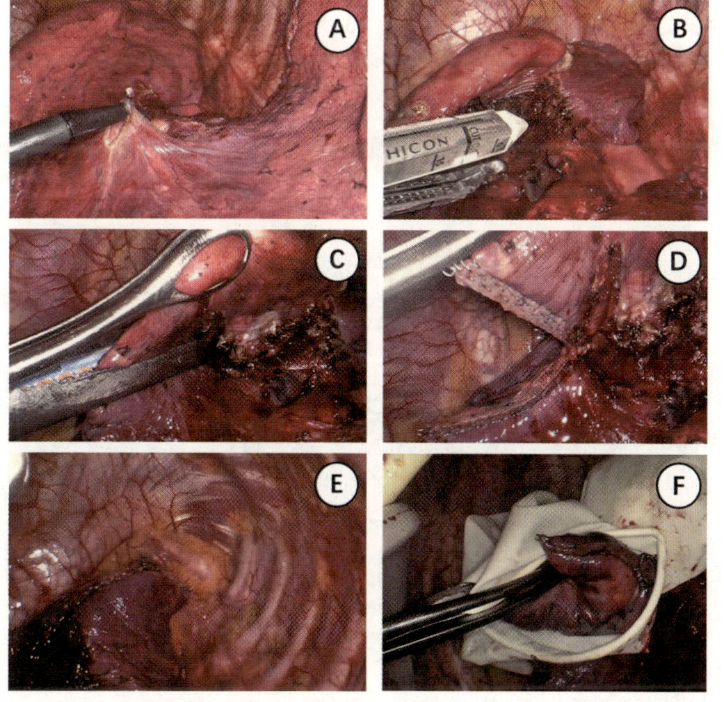

A：分离结缔组织；B：切割缝合器；C：切割缝合器切除肺叶；D：切割缝合后；E：游离被切除肺叶；F：装袋取出。

图 16－8　切除肺叶

（吴多光）

参考文献

［1］BUCKLEY R E. 骨折治疗的 AO 原则［M］. 3 版. 危杰，刘璠，吴新宝，译. 上海：上海科学技术出版社，2019.

［2］陈孝平，陈义发. 外科手术基本操作［M］. 北京：人民卫生出版社，2003.

［3］陈孝平，汪建平，赵继宗. 外科学［M］. 9 版. 北京：人民卫生出版社，2018.

［4］陈黔南. 气管切开术有关的应用解剖［J］. 中国临床解剖学杂志，1993，11（3）：203－205.

［5］陈凌武. 泌尿外科手术学［M］. 3 版. 北京：人民卫生出版社，2008.

［6］DAVID T. 图解小动物外科技术——软组织外科、整形外科及齿科［M］. 2 版. 任晓明，译. 北京：中国农业大学出版社，2009.

［7］邓小明. 常用实验动物麻醉［M］. 上海：第二军医大学出版社，2001.

［8］ELLISON E C，ZOLLINGER R M. 佐林格外科手术图谱［M］. 10 版. 王杉，叶颖江，译. 北京：北京大学医学，2017.

［9］侯立军，卢亦成，于明琨，等. 颅骨重建对创伤性颅骨缺损患者神经功能的影响［J］. 中华创伤杂志，2004，20（12）：772－773.

［10］金其庄，王玉柱，叶朝阳，等. 中国血液透析用血管通路专家共识（第 2 版）［J］. 中国血液净化，2019，18（6）：365－381.

［11］金国良，张永良，俞学斌. 钛金属板在颅骨缺损修补中的应用［J］. 中华创伤杂志，1999，15（6）：472－473.

［12］冀培刚，刘竞辉，李宝福，等. 聚醚醚酮材料在颅骨缺损后修补中的应用［J］. 临床医学研究与实践，2018，3（26）：7－8，11.

［13］刘波，欧阳一辛，史忠，等. 338 例颈内中心静脉穿刺置管术并发症临床分析［J］. 重庆医学，2009，38（20）：2540－2543.

［14］刘洋，石建华，王磊，等. 改良法用于左侧锁骨下静脉穿刺［J］. 临床麻醉学杂志，2006，22（11）：872－873.

［15］刘凤林，秦新裕. 胃肠外科近 20 年进展和发展趋势［J］. 中国实用外科杂志，2020，40（1）：58－61.

［16］郎景和，张晓东. 妇产科临床解剖学［M］. 2 版. 济南：山东科学技术出版社，2020.

［17］LIPOWITZ A J. 小动物骨科手术图谱［M］. 董海序，彭广能，译. 沈阳：辽宁科学技术出版社，2011.

［18］莫桂清. 胸腔镜肺癌根治术的新进展［J/OL］. 中西医结合心血管病杂志（电子版），2019，7（5）：27－28［2019－05－21］. DOI：10.16282/j.cnki.cn－9336/r.2019.05.021.

［19］聂丽霞，张彦清，刘保江，等．超声引导下经颈内静脉穿刺置入中心静脉导管的应用［J］．中西医结合心脑血管病杂志，2012，10（6）：767－768.
［20］RHOTON A L. 颅脑解剖与手术入路［M］．刘庆良，译．北京：中国科学技术出版社，2010.
［21］宋健，杜浩，刘敏，等．早期颅骨修补术对颅骨缺损患者脑灌注及生存质量的影响［J］．中国临床神经外科杂志，2013，18（5）：274－275，285.
［22］TOBIAS K M. 小动物软组织手术［M］．袁占奎，译．北京：中国农业出版社，2014.
［23］吴孟超，吴在德，黄家驷．外科学［M］．7 版．北京：人民卫生出版社，2008.
［24］翁国星．胸腔镜微创手术的起始与发展［J］．福建医药杂志，2017，39（3）：20－23.
［25］万宏伟，李晓昕，柳丽．颈内、锁骨下静脉穿刺置管术的比较［J］．护理学杂志，2006，21（8）：48－49.
［26］王志强，翟立杰，陈瑱．环甲膜穿刺术与环甲膜切开术的应用［J］．中国耳鼻咽喉头颈外科，2005（8）：528.
［27］汪建平，詹文华．胃肠外科手术学［M］．北京：人民卫生出版社，2006.
［28］王吉甫．胃肠外科学［M］．北京：人民卫生出版社，2000.
［29］WEIN A J. 坎贝尔－沃尔什泌尿外科学［M］．9 版．郭应禄，周利群，译．北京：北京大学医学出版社，2009.
［30］熊燃．胸腔镜在胸部疾病诊疗中的发展及临床应用［J］．临床肺科杂志，2013，18（9）：1669－1670.
［31］中华医学会外科学分会甲状腺及代谢外科学组，中国医师协会外科医师分会肥胖和糖尿病外科医师委员会．中国肥胖及 2 型糖尿病外科治疗指南（2019 版）［J］．中国实用外科杂志，2019，39（4）：301－306.
［32］ANTINORI A，LARUSSA D，CINGOLANI A，et al. Prevalence，associated factors，and prognostic determinants of AIDS-related toxoplasmic encephalitis in the era of advanced highly active antiretroviral therapy［J］. Clinical infectious diseases，2004，39（11）：1681－1691.
［33］ASHFORD D A，KAISER R M，SPIEGEL R A，et al. Asymptomatic infection and risk factors for leptospirosis in Nicaragua［J］. American journal of tropical medicine and hygiene，2000，63（5/6）：249－254.
［34］ADRIEN，CHAUCHET，FRÉDÉRIC，et al. Increased incidence and characteristics of alveolar echinococcosis in patients with immunosuppression-associated conditions［J］. Clinical infectious diseases，2014，59（8）：1095－1104.
［35］AKAHANE A，SONE，M，EHARA S，et al. Subclavian vein versus arm vein for totally implantable central venous port for patients with head and neck cancer：a retrospective comparative analysis［J］. Cardiovascular and interventional radiology，2011，34（6）：1222－1229.

[36] BRESSON-HADNI S, DELABROUSSE E, BLAGOSKLONOV O, et al. Imaging aspects and non-surgical interventional treatment in human alveolar echinococcosis [J]. Parasitology international, 2006, 55: S267 - S272.

[37] BHARTI A R, NALLY J E, RICALDI J N, et al. Leptospirosis: a zoonotic disease of global importance [J]. Lancet infectious diseases, 2003, 3 (12): 757 - 771.

[38] BRUŽINSKAIT Ė-SCHMIDHALTER R, ŠARKŪNAS M, MALAKAUSKAS A, et al. Helminths of red foxes (vulpes) and raccoon dogs (nyctereutes procyonoides) in Lithuania [J]. Parasitology, 2012, 139 (1): 120 - 127.

[39] BRUNETTI E, KERN P, VUITTON D A. Expert consensus for the diagnosis and treatment of cystic and alveolar echinococcosis in humans [J]. Acta tropica, 2010, 114 (1): 1 - 16.

[40] CHIRATHAWORN C, SUPPUTTAMONGKOL Y, LERTMAHARIT S, et al. Cytokine levels as biomarkers for leptospirosis patients [J]. Cytokine, 2016, 85: 80 - 82.

[41] CONPATHS F J, DEPLAZES P. Echinococcus multilocularis: epidemiology, surveillance and state-of-the-art diagnostics from a veterinary public health perspective-ScienceDirect [J]. Veterinary parasitology, 2015, 213 (3/4): 149 - 161.

[42] COMTE S, RATON V, RAOUL F, et al. Fox baiting against Echinococcus multilocularis: contrasted achievements among two medium size cities [J]. Preventive veterinary medicine, 2013, 111 (1/2): 147 - 155.

[43] CVEJIC D, SCHNEIDER C, FOURIE J, et al. Efficacy of a single dose of milbemycin oxime/praziquantel combination tablets, milpro, against adult echinococcus multilocularis in dogs and both adult and immature emultilocularis in young cats [J]. Parasitology research, 2016, 115 (3): 1195 - 1202.

[44] FRIDER B, LARRIEU E, ODRIOZOLA M. Long-term outcome of asymptomatic liver hydatidosis [J]. Journal of hepatology, 1999, 30 (2): 228 - 231.

[45] FENG X, QI X, YANG L, et al. Human cystic and alveolar echinococcosis in the Tibet Autonomous Region (TAR), China [J]. Journal of helminthology, 2015, 89 (6): 671 - 679.

[46] GANOZA C A, MATTHIAS M A, SAITO M, et al. Asymptomatic renal colonization of humans in the peruvian Amazon by Leptospira [J]. PLoS neglected tropical diseases, 2010, 4 (2): e612.

[47] GOUVEIA E L, METCALFE J, DE CARVALHO A L, et al. Leptospirosis-associated severe pulmonary hemorrhagic syndrome, Salvador, Brazil [J]. Emerging infectious diseases, 2008, 14 (3): 505 - 508.

[48] GRöNROOS S, HELMIÖ M, JUUTI A, et al. Effect of laparoscopic sleeve gastrectomy vs roux-en-Y gastric bypass on weight loss and quality of life at 7 years in patients with morbid obesity: the SLEEVEPASS randomized clinical trial [J]. JAMA surgery, 2021, 156 (2): 137 - 146.

[49] HEMACHUDHA T, WACHARAPLUESADEE S, MITRABHAKDI E, et al. Pathophysiology of human paralytic rabies [J]. Journal of neurovirology, 2005, 11 (1): 93-100.

[50] HEMACHUDHA T, LAOTHAMATAS J, RUPPRECHT C E. Human rabies: a disease of complex neuropathogenetic mechanisms and diagnostic challenges [J]. Lancet neurology, 2002, 1 (2): 101-109.

[51] HEMACHUDHA T, UGOLINI G, WACHARAPLUESADEE S, et al. Human rabies: neuropathogenesis, diagnosis, and management [J]. Lancet neurology, 2013, 12 (5): 498-513.

[52] HUANG Y M, LIN Y K, LEE W J, et al. Long-term outcomes of metabolic surgery in overweight and obese patients with type 2 diabetes mellitus in Asia [J]. Diabetes, obesity and metabolism, 2020, 23 (3): 742-753.

[53] JOYNSON D H M, WREGHITT T G. Toxoplasmosis (a comprehensive clinical guide) [J]. Biology of toxoplasmosis, 2001, 10 (1): 1-42.

[54] JANKO C. Disappearance rate of praziquantel-containing bait around villages and small towns in southern Bavaria, Germany [J]. Journal of wildlife diseases, 2011, 47 (2): 373-380.

[55] KILIMCIOǦLU A A, GIRGINKARDEŞLER N, KORKMAZ M, et al. A mass screening survey of cystic echinococcosis by ultrasonography, Western blotting, and ELISA among university students in Manisa, Turkey [J]. Acta tropica, 2013, 128 (3): 578-583.

[56] KANTARCI M, PIRIMOGLU B, OGUL H, et al. Can biliary-cyst communication be predicted by Gd-EOB-DTPA-enhanced MR cholangiography before treatment for hepatic hydatid disease? [J]. Clinical radiology, 2014, 69 (1): 52-58.

[57] LEVETT P N. Leptospirosis [J]. Clinical microbiology reviews, 2001, 14 (2): 296-326.

[58] LARRIEU E, ZANINI F. Critical analysis of cystic echinococcosis control programs and praziquantel use in South America, 1974—2010 [J]. Revista panamericana De salud pública, 2012, 31 (1): 81-87.

[59] LIU W, DELABROUSSE É, BLAGOSKLONOV O, et al. Innovation in hepatic alveolar echinococcosis imaging: best use of old tools, and necessary evaluation of new ones [J]. Parasite-journal De La societe francaise De parasitologie, 2014, 21: 74.

[60] LINHANG G, LAHOREAU J, HORMAZ V, et al. Surveillance and management of Echinococcus multilocularis in a wildlife park [J]. Parasitology international, 2016, 65 (3): 245-250.

[61] MITRABHAKDI E, SHUANGSHOTI S, WANNAKRAIROT P, et al. Difference in neuropathogenetic mechanisms in human furious and paralytic rabies [J]. Journal of the neurological sciences, 2005, 238 (1/2): 3-10.

[62] MCBRIDE A J, ATHANAZIO D A, REIS M G, et al. Leptospirosis [J]. Current opin-

ion in infectious diseases, 2005, 18 (5): 376 - 386.

[63] MOHRAZ M, MEHRKHANI F, JAM S, et al. Seroprevalence of toxoplasmosis in HIV (+) /AIDS patients in Iran [J]. Acta medica iranica, 2011, 49 (4): 213 - 218.

[64] MONTOYA J G, LIESENFELD O. Toxoplasmosis [J]. Lancet, 2004, 363 (9425): 1965 - 1976.

[65] MCMANUS D P, GRAY D J, ZHANG W, et al. Diagnosis, treatment, and management of echinococcosis [J]. The British medical journal, 2012, 344: e3866.

[66] MALENFANT J, BUBB K, WADE A, et al. Totally implantable venous access devices [M]. Berlin: Springer-Verlag, 2012: 11 - 17.

[67] MADSEN K R, GULDAGER H, REWERS M, et al. Danish Guidelines 2015 for Percutaneous Dilatational Tracheostomy in the Intensive Care Unit [J]. Danish medical journal, 2015, 61 (3): pii - B5042.

[68] PALANIAPPAN R U, RAMANUJAM S, CHANG Y F. Leptospirosis: pathogenesis, immunity, and diagnosis [J]. Current opinion in infectious diseases, 2007, 20 (3): 284 - 292.

[69] PARIKH M, EISENBERG D, JOHNSON J, et al. American society for metabolic and bariatric surgery review of the literature on one-anastomosis gastric bypass [J]. Surgery for obesity and related diseases, 2018, 14 (8): 1088 - 1092.

[70] PEYRON F, GARWEG J G, WALLON M, et al. Long-term impact of treated congenital toxoplasmosis on quality of life and visual performance [J]. Pediatric infectious disease journal, 2011, 30 (7): 597 - 600.

[71] RUPP S M, APFELBAUM J L, BLITT C, et al. Practice guidelines for central venous access: a report by the American Society of Anesthesiologists Task Force on Central Venous Access [J]. Anesthesiology, 2012, 116 (3): 539 - 73.

[72] RAJAJEE V, FLETCHER J J, ROCHLEN L R, et al. Real-time ultrasound-guided percutaneous dilatational tracheostomy: a feasibility study [J]. Critical care, 2011, 15 (1): R67.

[73] SCHWEIGER A, AMMANN R W, CANDINAS D, et al. Human alveolar echinococcosis after fox population increase, Switzerland [J]. Emerging infectious diseases, 2007, 13 (6): 878 - 882.

[74] SOLOMON N, ZEYHLE E, SUBRAMANIAN K, et al. Cystic echinococcosis in Turkana, Kenya: 30 years of imaging in an endemic region [J]. Acta tropica, 2018, 178: 182 - 189.

[75] TOWNSEND J R. Sabiston textbook of surgery: the biological basis of modern surgical practice [M]. 19th ed. Philadelphia: Saunders, 2012.

[76] TAMAROZZI F, AKHAN O, CRETU C M, et al. Prevalence of abdominal cystic echinococcosis in rural Bulgaria, Romania, and Turkey: a cross-sectional, ultrasound-based, population study from the HERACLES project [J]. Lancet infectious diseases, 2018,

18 (7): 769 - 778.

[77] WILDE H, HEMACHUDHA T, WACHARAPLUESADEE S, et al. Rabies in Asia: the classical zoonosis [J]. Current topics in microbiology and immunology, 2013, 365: 185 - 203.

[78] WUTHIEKANUN V, SIRISUKKARN N, DAENGSUPA P, et al. Clinical diagnosis and geographic distribution of leptospirosis, Thailand [J]. Emerging infectious diseases, 2007, 13 (1): 124 - 126.

[79] WANG Y, HE T, WEN X, et al. Post-survey follow-up for human cystic echinococcosis in northwest China [J]. Acta tropica, 2006, 98 (1): 43 - 51.

[80] ZHANG W, MCMANUS D P. Vaccination of dogs against Echinococcus granulosus: a means to control hydatid disease? [J]. Trends in parasitology, 2008, 24 (9): 419 - 424.